全國高中、中小學心理衛生教育指定參考讀本！
一部「導航式」的身體趣味知識「百科全書」！
完全圖解適合全家大小認識身體奧妙的典藏本！

完全圖解

家庭看護完全手冊

健康研究中心主編

前言

「看護」其實是守護自己、看守照顧之意，而本書所針對的症狀都是涉及個人或家庭就可以處理的問題。如果是重症的患者當然要前往醫院接受專業人士的照顧護理。

本書除了針對各種症狀的處置，同時也詳細的說明了醫學、醫藥常識，十分實用！

大家平常會不會因為自己或是家人的受傷、意外事故、發燒、體調變化等事項，而感到煩惱或迷惑呢？或者是看護家人時，也有同樣的經驗呢？

這時，如果有一些對應上簡單的說明、或是對應的啟示，當然就非常好了。我想你們一定不止一次有這樣的想法吧！

不了解也許會令人感覺不安，但是了解之後卻發現並沒有什麼困難。一些細微的技巧與技術，就可先行處理再就醫。

《完全圖解・家庭看護完全手冊》希望能在各位面對日常生活問題時有所幫助。基於這樣的心情，因此儘量不採用太專門的敘述，而且蒐集了很多日常生活要求的各種知識與技術。這些知識與技術，如果能夠大大用在各位每天生活當中，並提升各位的QOL（生活品質），將是我最大的喜悅。

目 錄

第五章 藥物的種類

第六章 防止褥瘡

第七章 消 毒

第八章 症狀別的看護

第九章　急救法與緊急處理

第 1 章
生命訊息

❶ 生命訊息

【基本知識】

何謂生命訊息？

生命訊息英文是 vital 和 sign 的組合字。直譯的話，就是『生命徵兆』的意思。

只要測定呼吸、脈搏跳動次數、體溫、血壓就知道是否健康。

```
★呼吸數安靜時的正常值（1分鐘內）
新生兒（出生後1~2週）············40~50次
嬰兒············30~40次
幼兒············25~30次
兒童（小學生）············20~25次
成人（包括中學生以上）············15~20次
```

成人一次的換氣量大約500毫升。如果呼吸數1分鐘超過24次以上的話，稱為頻呼吸。相反的，如果不到12次以下的話，則稱為慢呼吸。

如上記的脈搏跳動次數（心

```
★體溫（安靜時）
平熱············36~37℃
輕微發燒············37~38℃
發燒············38℃以上
```
因為有個人差，所以這只是一般的標準而已！

體溫因人而異，具有很大的差距。甚至有不少人平熱超過37℃。

所以了解健康時的體溫是非常重要的。

此外，嬰兒的平熱比成人高，

換言之，它就是生命的徵兆。

因此看護病人時，需要測定生命訊息正常值是多少，應該如何來判斷異常的基準非常重要。

```
★脈搏跳動次數安靜時的正常值（1分鐘內）
新生兒············120~140次
嬰兒············110~130次
幼兒············90~110次
兒童············80~90次
成人············60~80次
```

跳），會因為年齡的不同而有很大的差距。

成人的脈搏跳動次數，在1分鐘內100次以上稱為頻脈，50次以下稱為徐脈。

★血壓安靜時的正常值（mmHg）		
新生兒	（最大）60~80	（最小）60
嬰兒	（最大）80~90	（最小）60
幼兒	（最大）90~100	（最小）60~65
兒童	（最大）100~120	（最小）60~70
中學生以上	（最大）120~130	（最小）70~80

而老人則較低。

血壓會因為運動或精神緊張、飲食等而產生變動，因此一定要在安靜的狀態下測量才正確。

此外，老人因為動脈硬化，血壓會有升高的傾向。

❶
生
命
訊
息

【生命訊息】

體溫的測定

＊（關於體溫的生理特徵，請參照《了解我們的身體──疾病篇》）

　　測定體溫時可以從腋窩溫、口腔溫、直腸溫，三者中選擇一種測量。使用水銀體溫計前要充分搖晃，讓水銀柱下降到35℃以下才可以使用。

【注意!!】半身麻痺的患者，先將健康側朝上，側躺後再測定。

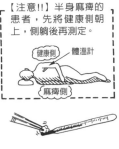

健康側　體溫計
麻痺側

【腋窩溫的測定】

用清潔的毛巾或紗布擦拭

❶測定前要先擦掉腋窩的汗水。

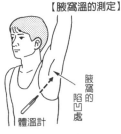

體溫計　腋窩的陷凹處

❷體溫計的前端要擺在腋窩中心稍前方。

❸緊閉腋窩測量10分鐘。

❹測定結束之後要用酒精棉消毒體溫計。

【口腔溫的測定】

肥皂　充分洗淨

❶測定前用肥皂和水充分洗淨。

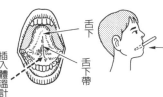

舌下　舌下帶　插入體溫計的方向

❷從口角斜插入舌下的中心。

側面圖

❸緊閉口測量5分鐘。

肥皂

❹測定之後用水和肥皂洗淨。

由於意識不清晰的人或是老人等，可能會咬體溫計，因此不適合採用口腔溫的測量方式。

【肛溫的測定】

甘油等

❶將體溫計的前端塗抹潤滑油。

【注】

❷將體溫計慢慢的插入肛門。

肥皂

酒精

❸測量完後用肥皂和水清洗消毒。

能夠得到比較接近體內溫度的數值，但是只有在特殊的情況下才以這樣的方式測量。

【注】插入的深度大人為5~6cm，嬰兒為3cm左右。

【生命訊息】 呼吸數的測定

❶利用心窩的上下運動來數

呼吸數目可以下意識的變更。

因此必須要在患者不注意的時候來測定呼吸數。

所以，如果患者躺在病床上，數蓋著的被子上下起伏的數目，也是一種方法。

此外，可以說：「讓我量量你的脈搏。」假裝利用手腕來測量脈搏，卻暗中觀察心窩的上下運動。

❷鏡子或線屑靠近鼻子

發生意外事故的傷患或是意識昏迷的人，可以用鏡子靠近鼻子。由於吐出的氣中含有水蒸氣，會使鏡面模糊，藉此可以測定呼吸數。

此外，可以利用線屑或是薄的紙屑靠近鼻子，藉其動向來測量呼吸數。

（例）藉著蓋被的上下運動來測量次數。

胸上抬後（吸氣）、下降（呼氣）當成一次來數。

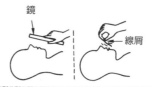

鏡　　線屑

【參考知識】各種呼吸（根據《了解我們的身體——疾病篇》）

在這種時候會出現喔！

普通的呼吸	吐 500ml 時間 吸 500ml	健康成人安靜時的呼吸數1分鐘18~20次。	
頻呼吸		呼吸深度沒有改變，但是呼吸的次數增加（1分鐘24次以上）。	精神興奮時。
慢(遲)呼吸		呼吸的深度沒有改變，但是呼吸的次數減少（1分鐘12次以下）。	使用鎮定劑或麻醉劑時。
過呼吸		呼吸數沒有改變，但呼吸較深。	進行激烈運動時。
減呼吸		呼吸數沒有改變，但是呼吸較淺（換氣量降低）。	呼吸肌麻痺、肺氣腫。
多呼吸		呼吸數增加，深度也加深。	歇斯底里症、神經症。
少呼吸		呼吸數減少，而且深度也變淺（呼吸中樞的反應降低所造成的）。	白喉、氰中毒。
淺呼吸		呼吸數增加，深度變淺（換氣量減少）。	肺炎、心不全。
潮式呼吸		深呼吸與呼吸停止反覆出現的危篤狀態。	腦溢血、尿毒症、心臟病、腎臟病。

【生命訊息】

脈搏跳動次數的測定

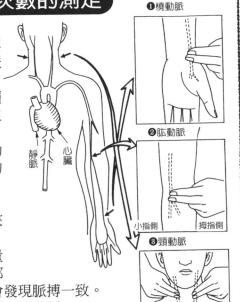

❶橈動脈

❷肱動脈

小指側　拇指側

❸頸動脈

★如何摸到脈搏？

心臟如唧筒一般，會反覆收縮與擴張，讓血液規律正常的擠到動脈內。

動脈接受血液後就會膨脹（擴張），接下來的瞬間又會收縮，將血液再往前端送去。

由於動脈賦予彈性，因此表面動脈血管可以用手指觸摸，並可清楚的感覺到。

★脈搏以何處來測量？

動脈當中，下列三處是經常用來測定的位置。

❶橈動脈…用手腕的拇指來測量動脈。在測量時經常會使用這個部位。如果同時測定左、右手腕，就會發現脈搏一致。

❷肱動脈…在內腕部（手肘內側）的動脈。

❸頸動脈…在頸部前面的粗大動脈。

（圖中標示：靜脈、心臟）

【參考知識】 **脈搏異常與疾病的關係（安靜時）**

	脈搏的種類	脈搏的狀況	狀態・原因等
健康	正常的脈	（每分鐘約60下）　時間→	規律正常、強度一致的狀態
疾病的情況	呼吸性心律不整（竇性心律不整）	快　　慢　　快	少年時期經常出現，吸氣時較快，吐氣時變慢【注】
	發作性頻脈	快	脈搏跳動快速，但是過一陣子之後又恢復原狀，疑似心臟疾病。
	徐脈		脈搏跳動緩慢，疑似心臟唧筒機能異常。
	期外收縮	摸不到脈搏	由於心臟的心室比普通的狀態收縮更快，因而造成這種現象。
	心房細動	脈搏跳動紊亂	由於心臟的心房無秩序收縮而產生這種狀態

【注】大多是生理的現象，所以不需要擔心。

血壓的測定原理（水銀血壓計）

【參考知識】

最高血壓（心臟收縮時）

血管

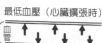

最低血壓（心臟擴張時）

血管

血壓有最高血壓（收縮壓）與最低血壓（舒張壓）。

可以將水銀式血壓計測定的原理，當成參考知識來應用。在此為各位介紹一下（參照下表）。

水銀血壓計

聽診器

裹上橡皮帶

橡皮球

空氣壓 大		血管的狀態	血流	聽診器可以聽到的聲音		說　明
×	0（完全不加壓）		○（流動）	（聽不到）		開始將空氣送入橡皮球中。
加壓 ↓	↓（加一點點壓）		○（流動）	（聽不到）	最低血壓	血液還能順暢的流動
	↓（與最低血壓相同）		△（不容易流動）	咚咚咚		血液不容易流動，可以聽到脈搏跳動的聲音
	↓		△（更不容易流動）	咚 咚 咚	最高血壓	聲音逐漸提高
	↓（與最高血壓相同）		×（停止）	（聲音消失）		血流停止、聲音消失
	↓（繼續加壓）		×（停止）			再加壓20~30mmHg
減壓 ↑	↓（與最高血壓相同）		×（停止）		最高血壓	放鬆橡皮球、減壓，到最高血壓以下時恢復血流，開始聽得到聲音。
	↓（比最高血壓更小）		△（血流開始）	咚 咚 咚	看聲音開始出現時的刻度	
	↓		△ 流動	咚 咚 咚		聲音持續出現
	↓（比最低血壓稍大）		△ 流量增加	咚咚咚	最低血壓	繼續減壓，到了最低血壓以下時，血流完全恢復，聲音消失。
	↓（與最低血壓相同）		△ 開始大量的流動	（消失）	看聲音開始消失時的刻度	
	↓（只有一點點壓力）		○	（聽不到）		聲音完全消失
×	0（完全不加壓）		○	（聽不到）		拿掉器具

【參考】最近電子式血壓計很多，不過用水銀式的血壓計可以測量到較正確的血壓。

【生命訊息】 血壓要以同樣的體位測定喔!!

★**血壓要以同樣的體位測量喔!!**

血壓有最高血壓（收縮壓）與最低血壓（舒張壓）。

一般來說，舒張壓在立位時最高，其次是座位，而臥位最低。

相反的，收縮壓則是立位最低，其次是座位、臥位。

★**最適合測量血壓的是哪種體位？**

能夠得到最正確數值的是座位。但如果因為疾病療養等原因，採取臥位測量也無妨。不管哪一種情況，最重要的是要以同一種體位來測量。

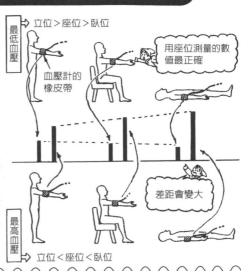

最低血壓　立位＞座位＞臥位

血壓計的橡皮帶

用座位測量的數值最正確

差距會變大

最高血壓　立位＜座位＜臥位

【生命訊息】 血壓要以心臟的高度來測定!!

心臟的高度

➡ 血壓會較低
➡ 正確的血壓值
➡ 血壓會較高

血壓要以心臟的高度來測定!!

測量血壓時，裹住血壓計像皮帶的位置，如果不能與心臟保持水平位置的話，則無法得到正確的數值。

如果比心臟位置更高的話，血壓較低。

相反的，如果比心臟位置更低的話，則血壓會較高。

【生命訊息】 血壓的高或低可以由脈搏知道嗎？

可以藉著測量脈搏，觀察其強度。高血壓的時候會較硬，而且緊張。

像這類的脈稱為硬脈。

相反的，低血壓的人感覺脈搏比較柔軟、脆弱，稱為軟脈。

不過像這種脈搏的觀察因人而異，感覺大多不同。

因此，測量脈搏，任意判斷的話非常危險。這只能當成一個大致的衡量標準而已。

第 2 章
家庭看護

❷ 家庭看護

【家庭看護】 理想的病房條件是什麼？

室溫
夏 19~22 ℃
冬 17~20 ℃

換氣

陽光

濕度

為了避免病人直接接受到陽光或者是風，可以使用屏風等。

床

有床腳的床較容易看護

★**房間的溫度與濕度**⋯夏季約為 19~22 ℃，冬季為 17~20 ℃ 左右溫度，濕度要保持在百分之 40~60。
★**房間的寬度**⋯4.5~6 個榻榻米大的房間是必要的【注】。

★**陽光**⋯因為陽光中的紫外線具有消毒作用，而且明亮的房間也會使得病人心情穩定，所以選擇能夠曬到太陽，朝南的房間最為理想。

如果日照不良的房間，不得不當成病房來使用的話，可以利用下圖的反射光。

★**換氣**⋯病房的空氣比較污濁，有時要開窗換氣或者是安置空調機。

★日照不良時可以用反射光。

陽光

風等。

使用貼著白紙的屏

病房

【注】在病房旁邊可以擺便器和洗臉用具，如果有一個可以讓看護能夠休息的房間就更好了。

【家庭看護】 床的高度多少比較好？

★**床的優點是什麼？**

若長期把寢具當成病床來使用的話，寢具容易帶著濕氣，而病人也可能會接觸到地面的灰塵。

因此病床最好使用有床腳的床。但是不必特意去購買，可以在適當的板子上鋪上寢具，做成方便的床。

★**床的高度**

❶**自己能起床時**⋯病人坐在床上時，腳能夠碰到地面的高度比較容易起床。

❷**臥病在床時**⋯高度不要使看護的人必須過度彎腰就可以了。

如果不重新買床，只要在床腳下墊板子等，調節高度就可以了。

❶自己能起床時

腳能夠碰到地面的高度

床

❷臥病在床，需要全面看護時。

床較低的話⋯

對於看護者的腰會造成負擔

將床墊高

側板

【家庭看護】

基本裝束

	捲袖	圍裙	西式圍裙	烹飪用圍裙
洋服				
和服	繫住袖子的帶子	繫住袖子的帶子	繫住袖子的帶子	不需要繫袖子的帶子

★基本裝束

看護時，首先，若是身著洋服，則要捲起袖子；若是穿和服，則要繫上吊衣袖的帶子（參照下圖）。爲了使行動起來更方便，應繫上一條圍裙。

或者，若是事先準備了中袖式圍裙，光是繫上它，就能發揮捲起袖子的效果。

再者，由於患者對病毒的抵抗力弱，爲了不至於把細菌帶入病房，請特別準備一條看護用的圍裙。

【注】繫住袖子的帶子使用的是腰帶剩餘的部分。不過，若備有耐得住袖子重量的任何帶子，幾乎都可以代用。

【家庭看護】

打掃病房的注意事項

★盡可能不要使灰塵飛散!!

❶市售的化學抹布或化學拖把，因爲帶有能吸附灰塵的藥品，因此可以去除病房的灰塵。

❷使用抹布等要先擠乾水分。

❸使用吸塵器時要考慮到不要發出太大的聲響，而且排氣口不可以對著患者。

❹此外，還可以將茶葉渣或是撕碎的細報紙，撒在地上之後再掃。這些方法也可以避免灰塵飛散。

化學拖把
化學抹布
擠乾水分的抹布
排氣口不要對著患者
茶葉渣等

②家庭看護

【家庭看護】　## 不會形成縐紋的鋪床法

★床單的鋪法

❶將下面的床單放在床墊的中央攤開　❷將 A 摺返塞入床墊下　❸抓著 B-C 將床單摺起　❹將 D 往上摺　❺將 E 朝下　❻從一端將下邊塞入床墊下，剩下的三邊也以同樣的方式摺入。

按照這樣的方式，床單就能夠整理得非常整齊，患者在床上翻身或是起床時，也不會出現縐紋。而摺疊的部分也不會掉出來。

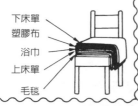

將要鋪的寢具依序準備好!!
如果在椅子上將要鋪的寢具依照次序準備好的話，鋪起來會更方便。

下床單
塑膠布
浴巾
上床單
毛毯

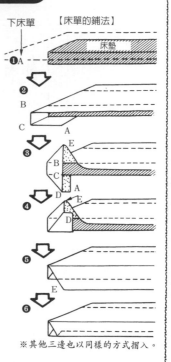

【床單的鋪法】

下床單　床墊

❶A

❷ B　C　A

❸ B　C　E　A

❹ D　E　A

❺

❻ E

※其他三邊也以同樣的方式摺入。

★床上還要鋪什麼東西呢？

❶下面的床單鋪好之後，在床尾的位置鋪上塑膠布，並在上面攤開浴巾等從一端塞入床墊下【注1】。

枕頭裹上毛巾後容易吸汗，可以當成枕頭套使用。清洗時只要清洗毛巾，非常方便。

❷其次鋪上面的床單。在上面攤開毛毯，將腳邊和下面的床單以同樣的方式摺入。這時腳邊處要留些餘地，讓患者可以輕鬆的躺著。

最後再鋪上被子即可。

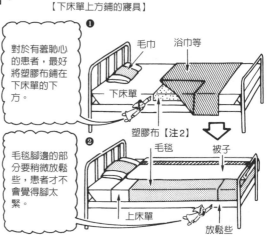

【下床單上方鋪的寢具】

❶ 毛巾　浴巾等　下床單

對於有羞恥心的患者，最好將塑膠布鋪在下床單的下方。

塑膠布【注2】

❷ 毛毯　被子

毛毯腳邊的部分要稍微放鬆些，患者才不會覺得腳太緊。

上床單

放鬆些

【注1】塑膠布也可以用較大的塑膠袋等代替。
【注2】塑膠布不要直接接觸到患者。

【家庭看護】 # 病人躺在床上時更換床單的方法

❶讓病人仰躺在棉被的中央。

❷將枕頭、蓋被拿開，讓患者的手臂與手臂、腳與腳交叉並翻身側躺。

❸把舊的床單從面前捲向病人，並壓入病人的身體下。

❹用小掃把或是小型吸塵器，去除毛髮和碎屑等垃圾，

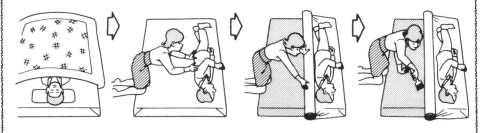

❺把新的床單擺在床的中心，並將前側的一半整理好摺入墊被下方。

❻剩下一半的床單摺小一些，塞入病人的身體下。【注】

❼讓病人翻身到床的相反側，朝新的床單移動。

❽去除舊床單，與❹同樣的清掃。

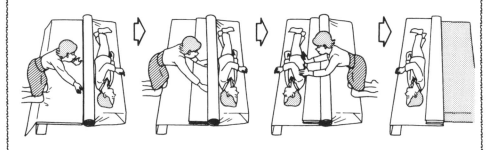

❾把原先摺小的床單縐摺攤平，並把床單攤開。

❿讓病人仰躺，確認背部的床單是否有縐摺。

⓫從床的四腳拉平床單，不要太鬆，並將一端摺入。

⓬蓋被以及被套、枕頭套都要更換，整理好病床。

【注】這時可以先將新床單擺在舊床單上摺好，比較容易抽出舊床單。同時，患者也不會掉在新舊床單之間。

②家庭看護

【家庭看護】 # 注意患者羞恥心的睡衣更換法

❶事先保持房間溫暖。

❷坐在患者右側，將新的睡衣擺在身邊，拿掉被子、枕頭的帶子。

帶子
新睡衣

❸將新的睡衣攤開，使其肩膀朝上側的舊睡衣稍微鬆開，患者如圖所示的側躺。

新睡衣

❹將攤開的新睡衣，輕輕的蓋在患者的身上。

❺手放入新睡衣下，脫掉舊睡衣的一隻袖子。

❻讓患者穿上新睡衣的一隻袖子，將舊睡衣在面前捲起，並深壓入患者下方。

❼接著將新睡衣背部的部分捲起，深壓在舊睡衣下方【注1】。

❽用手扶著患者的背部讓其仰躺。

❾讓患者，慢慢的朝著自己的方向側躺。抽出患者背後的舊睡衣，這時新睡衣也會一併被抽出（注意不可以拉到寢具）。

❿讓患者身體仰躺，輕輕蓋上新睡衣。

⓫手塞入新睡衣下方，脫掉舊睡衣左邊的袖子並拉出來。

⓬使其左手臂穿過新睡衣的袖子【注2】，慢慢朝上。

⓭綁好睡衣的帶子。

⓮確認背部是否出現睡衣的縐摺。墊好枕頭，蓋上被子。

注意事項 ❶為了重視患者羞恥心，要儘量避免露出肌膚。 ❷如果從患者右側開始換衣服的話，患者的睡衣就不能變成從左邊在前面的穿著方式。 ❸若不是近親，不可以壓住寢具，要注意禮貌。

【注1】將帶子擺在腰的附近，捲成比一半稍長的長度壓入新睡衣下方。
【注2】睡衣背部的縫線要和背骨一致，所以前面要對好並輕輕的綁上帶子。

【家庭看護】只要一點力量就可以改變患者體位的方法（1人的情形）

2 家庭看護

❶ 去除枕頭、蓋被。

❷ 左手插入患者頸部後方，並擺在相反側的肩上，右手從上方扶住雙臂。

❸ 直接讓患者靠向自己這一邊。

❹ 接著雙手插入患者腰部下方。

 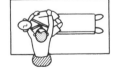 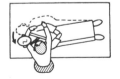 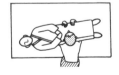

❺與❸同樣的，將患者拉向自己這一邊。

❻ 雙手插入患者的大腿和小腿肚下方，將其拉向自己這一邊。

❼ 讓患者的右臂手肘彎曲，抓住自己的左手臂。

❽ 一邊壓住睡衣的下襬，同時豎立右膝。

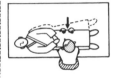 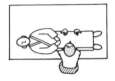 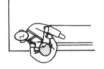 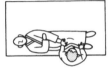

❾右手通過患者右膝下，擺放在左膝的對面側，左手扶住後頸。

❿右手臂用力將身體移向床邊，讓患者側躺。

⓫將患者左肩稍微往外推出。

⓬將右手臂、右足脛與背部用枕頭等墊住，保持固定。

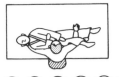 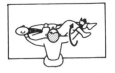 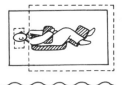

若是兒童或是體重較輕的人，❶～❻動作可以輕易完成。

❶事先去除枕頭、被子。

❷雙手插入患者身體的下方，手指勾住左側面。

❸慢慢的朝自己的方向拉。

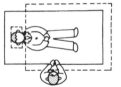 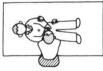 

❼

②家庭看護

【家庭看護】 **在床上扶患者坐起來或站起來的方法** 【注1】

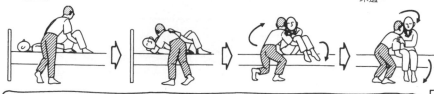

❶做完前頁的❶~❻的動作之後，讓患者屈膝。

❷手插入患者後頸和膝內側。

❸抬起頭，雙腳伸出床外。

❹直接將雙腳從床上放下來，坐在床邊。

其他方法

❶只將患者兩膝以下的部分從床上放下來。

❷請患者的雙手抓住看護後頸。

❸看護手扶住患者雙肩後方，使其坐起來。

❹讓患者身體朝向側面，然後坐在床上。

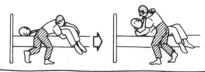

❺讓患者前傾。

❻手插入腋下、膝併攏。

❼抱起患者。

❽扶其站立。

一個人起床的方法

❶事先綁好堅固的繩子（為了避免下床時造成阻礙，可以在頭的一端打結）。

❷屈膝拉起繩子，坐起上半身。【注2】

❸臀部旋轉朝向側面之後站立。

【注1】盡可能讓患者自己進行，如果辦不到的話才幫助他。
【注2】必須注意手邊的力量以及祕訣，因此最初的時候一定要有看護在旁看著。

【家庭看護】

枕邊需要的東西

擺在枕邊的東西

❶ 電鈴器或呼叫鈴

❷ 衛生紙

❸ 藥

❺ 水瓶和杯子
（或是長嘴壺）

❹ 小毛巾

❶**電鈴器或呼叫鈴**…萬一有事的時候，如果要大聲叫喚家裡的人是很辛苦的事情。

要放在手能夠搆著的地方，而且要安裝上按鍵式的電鈴器，或是音色很好的呼叫鈴。

❷**衛生紙**…想要擦手、擦臉或是弄髒病床的時候，手邊擺著衛生紙用起來非常方便。

帶有紙盒的抽取式衛生紙等較易抽取。

❸**藥物**…有幾種藥物時，不要擺得亂七八糟的，最好放入空盒中。（參照46頁）

❹**小毛巾**…蘸有酒精等的小毛巾可以用來擦手【注】。

❺**水瓶和杯子**…不能用杯子喝水的時候，要準備長嘴壺，並用布蓋著避免沾染灰塵。

【注】市面上已有售濕紙巾等也非常方便。

【家庭看護】 # 躺著看電視或是看戶外的方法

★不需要改變姿勢就能擴大視野

臥病在床的人，即使能夠翻身，但從病床上可以看到的範圍有限。

此外，如果因病不能翻身的話就更糟糕了。

這時，如果在枕邊擺著化妝時所使用的手鏡等，即使躺在那也能夠看看窗外，或者是看到房間的死角，也許就能轉換心情了。

★想要長時間擴展視野

手鏡在想要看看外面的景觀時非常方便，但是長時間拿著鏡子手會發麻。如右圖所示利用看書架（躺在那兒就可以看書的器具），如果擺上鏡子就可以長時間看電視，或是看窗外的景色。

當想要看書的時候，就可以拿掉鏡子當成看書架來使用，非常方便。

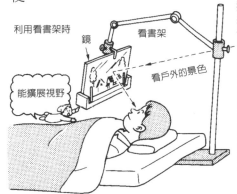

利用看書架時　鏡　看書架

看戶外的景色

能擴展視野

②家庭看護

【家庭看護】 多穿幾件衣服會覺得溫暖的理由？

★多穿幾件衣服的效果

穿著內衣時，在肌膚和內衣之間會形成空氣層，而空氣層會隨著穿上了汗衫、上衣等多穿幾件衣服而增加。

當熱由肌膚傳達到內衣時，內衣的分子開始「運動」。但是如果空氣層沒有分子的話，則這個運動就無法順利的傳達。

換言之，在密閉的空氣層中，會形成所謂的隔熱材，防止體熱的逃散。

所以空氣層越多的話，隔熱效果就越大。因此多穿幾件衣服會覺得比較溫暖。

★什麼是適合多穿幾件的衣服？

想要多穿幾件的時候，可以選擇羊毛或棉質的衣服。由於本身就含有很多的空氣，因此非常容易在衣服和肌膚、衣服和衣服之間形成空氣的對流，使得熱放散出去。因此領口、袖口處都必須要有鈕子。

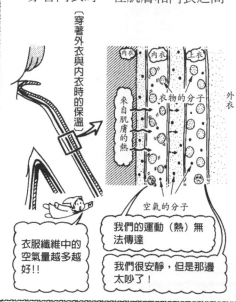

（穿著外衣與內衣時的保溫）

內衣　內衣　上衣

衣物的分子

來自肌膚的熱

外衣

空氣的分子

衣服纖維中的空氣量越多越好!!

我們的運動（熱）無法傳達

我們很安靜，但是那邊太吵了！

【家庭看護】 纖維與衣服的關係

纖維	強度	吸水性	洗滌【注】	纖維的特徵
棉	○	○	○	肌膚觸感極佳，具有很好的吸濕性，適合當內衣。洗滌簡單，但不適合保溫。
尼龍	○	✕	○	吸水性較低，會因為流汗而悶熱，不適合當內衣。
聚酯	○	✕	○	與尼龍同樣的吸水性較低，因此不適合當貼身衣物穿。
羊毛	○	△	✕	具有很高的保溫力，而且耐髒，適合當外衣。
絲	○	✕	✕	吸水性較低，不容易洗滌。但是耐髒，非常美觀，適合當外出服。

【注】在家庭中是否能洗滌。

第 3 章
清　潔

【清潔】

在床上刷牙、洗臉

準備東西　桌子（沒有的話可用托盤代替）、大的塑膠布、浴巾（1條）、毛巾（2~3條）、手巾（1條）、曬衣夾、杯子（或者是長嘴壺）、洗臉盆、水桶、肥皂、溫水、牙刷、牙膏。

【注】不能使用牙刷的患者，可以在衛生筷的前端裹上脫脂棉或紗布，用橡皮筋固定。泡在水中輕輕擰乾水分之後，擦拭患者牙齒表裡以及牙齦的殘渣（參照右圖）。此外，如果使用漱口水的話，就能得到口中的洗淨感。

❶刷牙

讓患者坐起來，在被子上鋪上塑膠布，上面擺著桌子或者是托盤，並準備刷牙用具。

為了避免睡衣弄濕，要將浴巾或者是塑膠布從胸部圍繞到肩膀，並在頸部後方用曬衣夾夾住固定。

【利用桌子】

【能坐起來的人】

曬衣夾

浴巾

大的塑膠布

【利用托盤】

曬衣夾

浴巾

大的塑膠布

假牙則要用患者專用的牙刷，用水洗淨。此外，就寢時則要浸泡在洗淨液中。

■即使躺在床上，但是自己能夠刷牙的患者…

【自己可以刷牙的患者】

【臥病在床的人】

托盤

浴巾

塑膠布

將蓋被拉到腰部附近，身體側躺，並將浴巾從肩膀蓋下來。

接著在枕邊鋪上塑膠布，在上面擺著托盤，準備刷牙用具（與其用杯子和吸管，還不如使用長嘴壺）。

■躺在那兒而且沒有辦法自己刷牙的人…直接仰躺，浴巾由脖子

【自己無法刷牙的患者】

蓋到肩膀，用口水布等壓在頸部周圍，避免被水打濕【注】。此外，刷牙用具可以用圓盆等裝著擺在患者的枕邊。

拿掉患者假牙為他刷牙。拿掉的假牙由看護幫他洗乾淨。

準備好圓盆等

浴巾

【注】不可以口中含著水仰躺在那兒。如果要用水漱口的話，盡可能臉要朝向側面。

【清潔】

❷洗臉

【利用桌子】

曬衣夾
浴巾

大塑膠布

【能坐起來的人】

幫患者坐起來，並在寢具上鋪著大的塑膠布，上面鋪上桌子或是托盤，準備好洗臉用具。

接著捲起患者的袖子，將浴巾從胸部圍到肩膀，在頸部後方

【利用托盤】

曬衣夾
浴巾

塑膠布

用曬衣夾夾住固定，避免弄濕患者的睡衣。

【保持毛巾溫暖的祕訣】

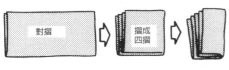

對摺　⇨　摺成
四摺　⇨　摺成八摺（八摺之後，先浸泡在熱水中擠乾水分，再為患者擦拭，則毛巾的熱不容易流失。要注意一直到最後都要使用熱毛巾為患者洗臉）。

【臥病在床的人】

❶看護將手洗淨，保持清潔之後，如上圖所示，摺疊毛巾，浸泡在比體溫稍熱的水中並擠乾水分。首先擦拭患者的眼頭和顏、臉，確認眼屎是否積存。

❷眼頭有眼屎積存的話，則要用摺成八摺的毛巾角，從眼頭朝著眼尾擦去並擦掉眼屎。

❸其次毛巾翻面。用新的一面的角，將相反側的眼睛由眼頭擦向眼尾並擦掉眼屎。

【注意事項】

擦拭患者眼睛的時候，不可以用力按壓或摩擦，以免損傷眼球。

要小心謹慎仔細的擦拭。

臉其他的部分（額頭、鼻子、臉頰、耳垂的表裡等）則必須仔細的擦拭。

這時為了保持毛巾的溫熱，盡可能將毛巾疊得小小的再來擦拭。

如果將毛巾攤開使用的話，毛巾立刻就冷了。即使準備好熱水、擠乾毛巾，也沒有任何的意義。

❶ ⇨ ❷ ⇨ ❸

【3 清潔】

在床上洗頭髮的方法

【清潔】

【洗髮器的製作法】

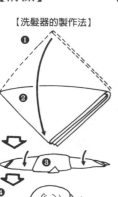

❶
❷
❸
頭的大小
摺線
曬衣夾
❺
❻
❼
摺
翻過來
❽
祕訣是要做的比患者的頭大一圈
曬衣夾
❾

❶將對摺之後的浴巾
❷按照對角線摺成三角形
❸從一端捲起成棒狀
❹要做比患者頭的大小更大一圈，兩端在面前圍起來成半圓形。
❺將塑膠包巾攤開，把❶的浴巾鋪在中央塑膠包巾左右端並摺向中央。
❻面前用曬衣夾固定
❼將對面側多出來的塑膠包巾摺到面前
❽注意不要弄壞了形狀並翻過來
❾按照捲起的毛巾的形狀，將塑膠包巾往裡塞，調理形狀即告完成。
在拿來使用的時候，如果形狀弄壞了，則最好用曬衣夾固定一下。

準備東西洗髮器（參照左圖）、浴巾、毛巾、洗臉盆、塑膠布、洗髮精、潤濕精、熱水（稍熱）、吹風機、梳子、水桶、大的壺或單柄鍋。

【洗髮的方法】

拿掉患者的枕頭，手繞過頭部，插入腋下將身體拉到寢具的上端為止。在洗髮時，為了避免熱水流到背部，要將坐墊等塞入背部，並抬高上半身。

抬起患者的頭，鋪上塑膠布並插入洗髮器。將頭髮往上撥，然後將頭放下，從胸部到肩膀墊上毛巾。準備好洗臉盆之後再將洗髮器的一端放入裡面【注1】。

用梳子梳好患者頭髮之後，為了避免熱水流入耳中或者是領口，要小心謹慎的洗髮【注2】。

洗完頭髮之後擦掉水分，並用毛巾包住頭髮，拿開洗髮器。

用吹風機吹乾頭髮之後，梳理成喜歡的髮型。

〔洗髮器的使用例〕
如果說洗髮器的大小比頭更大一圈的話，則即使熱水流到頸部也不用擔心會流到洗髮器外。

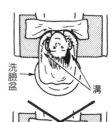

洗臉盆
溝

〔不好的例子〕
當洗髮器與頭的大小相同時，熱水流到頸部時水就可能會溢到洗髮器外。

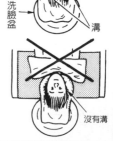

沒有溝

【注1】如果是在床上的話，洗髮器擺在床邊使用。一端朝向床下方的水桶讓水流入其中。
【注2】清洗頭髮的時候，使用大的壺或是單柄鍋比較方便。此外，如果髒水不能倒到水桶中的話，則水可能越過毛巾壁溢出來，弄濕睡衣或者是寢具，所以一定要注意。

在床上清洗手腳的方法

【清潔】

【手浴】❶能夠坐起來的患者
將棉被對摺，上面擺著塑膠布，然後將洗臉盆擺在桌子或是托盤等的上面。

❷臥病在床的患者　能動的話讓他側躺，不能動的話則讓他仰躺，並在旁邊的小桌子上為他洗手。

【足浴】❶能夠坐起來的患者
淺坐在床上。

❷能動、膝能彎曲的患者
膝以下掛在床邊，利用水桶來洗腳。

❸不能動的患者　膝直立，鋪上塑膠布和浴巾之後，再擺上洗臉盆（洗臉盆如果先前用來洗臉的話，要充分洗淨之後再使用）。

【參考】在壺中事先放入熱水，等到洗臉盆或是水桶的水變溫的時候，再稍微添加一點熱水，直到最後都要保持用溫熱水清洗【注】。

【進行手、足的部分浴有什麼效果呢？】

❶清潔　❷按摩效果!!
　一邊洗一邊揉捏按摩，除了能夠去除手腳的污垢、保持清潔外，同時能使皮膚呼吸旺盛、促進血液循環與新陳代謝。

❸放鬆效果!!
　光是洗一洗手腳就覺得神清氣爽、能夠放鬆，使患者的情緒穩定，並提升治療效果。

❹促進睡眠!!
　手腳溫暖自然而然促進睡眠。當患者睡不著的時候，將腳浸泡在熱水中也有效。

❺指甲柔軟
　手腳浸泡在熱水中一會兒，指甲就會柔軟，可以用指甲刀修剪指甲。

【注】因為腳對於熱水較敏感，所以要讓皮膚先習慣溫度，再慢慢的加入較熱的水，讓他好好的享受足浴之樂。當然，能夠使用加滿水的水桶是比較好的，但是要選擇能考慮膝的高度以及寢具高度的物品（水桶、洗臉盆和其他物品）。

❸
清
潔

【清潔】

清洗陰部的方法？

【能自己洗淨的患者】

壺（熱水）

壺（熱水）

塑膠布

〔注〕

便器

輕便馬桶

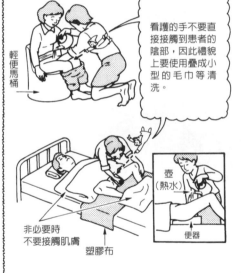

【需要看護的患者】

輕便馬桶

看護的手不要直接接觸到患者的陰部，因此禮貌上要使用疊成小型的毛巾等清洗。

非必要時不要接觸肌膚

塑膠布

壺（熱水）

便器

★為什麼要洗淨陰部呢？

陰部是進行排泄的部位，因此容易弄髒。一旦不能保持清潔時，細菌就會跑入體內。

盡可能每天排泄完後都要清洗一下。

★自己能進行的患者

爲了促進患者自立（恢復自我能力），能夠自己進行的患者讓他自己清洗。

這時要事先準備好，然後看護離席，請患者洗好之後再用呼叫鈴等叫喚看護。

★需要看護的患者

要重視患者的羞恥心，除了洗淨部位以外的肌膚儘量不要接觸。在洗淨時要利用摺疊成小型的毛巾等，避免看護的手直接接觸到患者的陰部。

★清洗時的注意點

❶爲了避免細菌進入體內，在洗淨陰部之前不只是看護，患者也一定要洗手。

❷女性的身體尿道較短，細菌容易到達膀胱。爲了防止感染，一定要由前往後（肛門側）清洗。毛巾的同一面不要使用二次。

【有他人在場時】

如果有他人在場的話，更要注意患者的羞恥心。所以最好利用紙門或是屏風等遮蔽再洗淨。

原則上如果有探病者的話，盡可能避免清洗。

但是基於患者和護士之間的問題，必須要進行洗淨時，可以利用布簾或是屏風等，保護個人的隱私權。

【注】使用透明塑膠空瓶（廚房用洗劑等）更方便。

❸
清
潔

【清潔】　　　　　　# 全身擦拭【注】

★自己可以進行的患者

為了促進患者的自立，能夠自己做的患者讓他自己擦拭。

這時看護要待在患者的身邊，不斷的將熱毛巾遞給患者，這一點非常重要。

★擦拭身體前面

重視患者羞恥心，除了擦拭部位以外的肌膚不要加以接觸。

關於臉、手腳、陰部等要參照部分浴的項目擦拭。

腋下和腹股溝部（大腿內側）等的毛細孔，如果有惡臭成分排泄出來的話，會有特有的氣味，所以一定要仔細地擦拭乾淨。

★擦拭身體的背面

雙手的四根手指橫跨背骨，沿著背骨手指用力、放鬆，不但能夠去除污垢，同時具有指壓效果。

從後頸到耳後容易有污垢積存，不要忘記擦拭。

★擦拭全身的效果

手指用力並以按摩的方式來擦拭，使污垢去除，不只能夠得到❶清潔，同時❷能促進皮膚呼吸旺盛，❸促進血液循環，❹促進新陳代謝，❺患者的心情也能放鬆，所以能夠提升治療效果。

此外，因為這些過度的疲勞，所以能夠❻增進食慾，❼促進安眠。

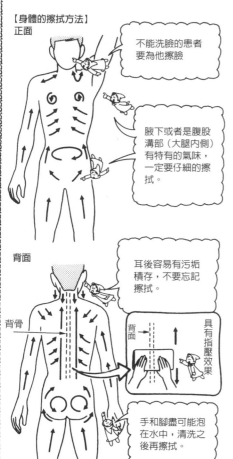

❸ 清潔

【注】1任何部位在擦拭之前都要稍微張開些，因此用溫熱的毛巾擦拭（3~5秒）時，心情放鬆，污垢容易去除。2使用肥皂時，肥皂一定要完全擦拭掉。使用沐浴劑的話也很方便。

❸ 清 潔

【清潔】

半側麻痺患者的泡澡

A. 利用椅子

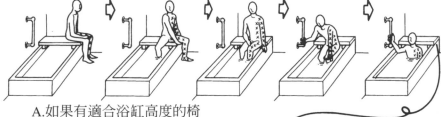

×印＝麻痺側

B. 利用板子

　　A.如果有適合浴缸高度的椅子，可以利用椅子。

　　B.盡可能如右圖所示使用板子，不但較容易泡澡，也較容易清洗。

　　這時一定要安裝固定桿。如果沒有固定桿的話，板子容易掉落，患者會因此而溺斃。

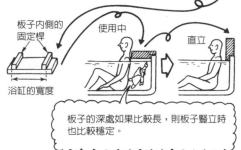

板子內側的固定桿

使用中

直立

浴缸的寬度

板子的深處如果比較長，則板子豎立時也比較穩定。

C.

❶　　　　❷　　　　❸　　　　❹　　　　❺

　　C.❶需要幫忙泡澡時，為了重視患者羞恥心，腰部要裹毛巾，用肩膀扛著患者並讓他抓住扶手。❷健康側的腳先進入浴缸裡。❸麻痺側的腳由看護者彎下身子將其抬起來。❹放入浴缸中之後，　❺再彎下身子扶著患者泡在洗澡水中。

【參考】如果麻痺側在右側的患者，則椅子、木板設置在相反側，由身體的左側先進入。

第4章
排　泄

【排泄】　排泄之前的幫忙

❶【自己能夠進行的患者】

扶手
廁所
沒有扶手時
好好的扶著他!!

❷【利用輕便馬桶的患者】

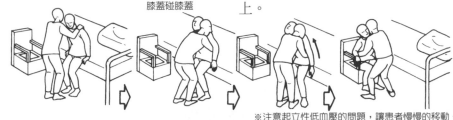

膝蓋碰膝蓋

※注意起立性低血壓的問題，讓患者慢慢的移動。

❶**自己能夠進行的患者** 盡可能帶他到廁所去，因為不僅能保護患者的隱私權，促進其自立，同時也能提高自我恢復能力。如果是老人的話，也可以預防癡呆。這時要先保持廁所裡以及馬桶的溫暖【注】。

❷**利用輕便馬桶的患者** 則如下圖所示，將患者移動到輕便馬桶上。

【注】要注意通路的階梯或是障礙物等，這時可以出聲提醒他。

❹排泄

【排泄】　注意患者的隱私權

❶利用輕便馬桶

浴巾等

不管是哪一種情形，排泄結束之前看護都要暫時離開。

❷利用便器或尿器

浴巾等
塑膠布　便器

★露出僅止於最低限度

如果在室內排泄（左圖❶、❷），則必須利用布帘、紙門、門等，或者是利用屏風等來遮蔽，避免肌膚超出必要的露出。陰部等則可以用浴巾蓋住。

此外，在排泄中要離開馬桶或者是排泄結束時，可以出聲叫喚，或者是用呼叫鈴叫喚。

★注意尿器或便器

如果尿器用襪子等遮蓋，則即使碰觸到肌膚也不會發冷，拿去倒掉的時候也不會讓別人看到尿。

此外，遮住便器，並在底部鋪上衛生紙。衛生紙不但可以防止尿灑出來，同時也可以消除聲音，緩和患者羞恥心。此外，排便時處理起來也比較輕鬆（參照右圖❸）。

❸尿器、便器的工夫

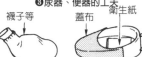

襪子等　蓋布　衛生紙

【排泄】　照顧排泄的方法

④
排
泄

1【使用便器】

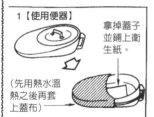

拿掉蓋子並鋪上衛生紙。

（先用熱水溫熱之後再套上蓋布）

準備好能夠插入腰下的便器，多下點工夫，避免接觸到肌膚時會覺得寒冷【注1】。

2【出聲和他說話，讓患者心情穩定】

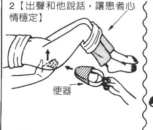

便器

讓患者屈膝為他脫掉內褲，用一隻手抬起腰斜插入便器。

【女性】

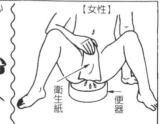

衛生紙　　便器

如果是女性的話，如圖所示墊上衛生紙。排出尿之後，尿也不會濺出來，非常方便。

【注1】插入的部分要先抹上粉，使其具有滑順感，能夠輕鬆插入。此外，腰能夠上抬的人，如果使用西式馬桶就不會弄髒寢具，尤其在大便時不會沾到臀部，能保持清潔。

1【尿器的準備】

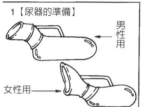

男性用

女性用

使用便器時不要忘記準備尿器（如果是女性，便器也可以當成尿器使用）。

2【男性】

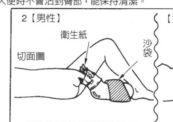

衛生紙　　沙袋

切面圖

用衛生紙等如圖所示插入尿器口，可以避免尿濺出來，更可利用沙袋等固定尿器。

【女性】

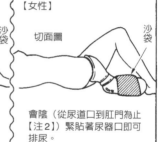

切面圖　　沙袋

會陰（從尿道口到肛門為止【注2】）緊貼著尿器口即可排尿。

3【排泄】

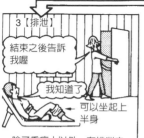

結束之後告訴我喔

我知道了

可以坐起上半身

除了重病人以外，在排泄之前都必須要暫時離開。結束之後可以請患者利用呼叫鈴等叫喚【注3】。

4【陰部的洗淨】

由前往後擦拭

便器

用衛生紙輕微擦拭之後，再用溫水洗淨或者是用溫熱的毛巾擦拭，然後要塗抹嬰兒爽身粉等保持乾燥，再穿上衣服。

5【換氣・洗手】

塑膠布

自己擦拭的話，要在洗臉盆中裝入溫水讓患者洗手，然後開窗換氣。

【注2】嚴格說起來，會陰是指陰道前庭後緣到肛門的位置，不過通常包括尿道和陰道在內，骨盆下口的軟組織都稱為會陰。

【注3】很難排尿時，可以讓他聽自來水流下來的聲音等促進排尿。

◆
4
排
泄

【排泄】 # 尿布的種類與包的方法

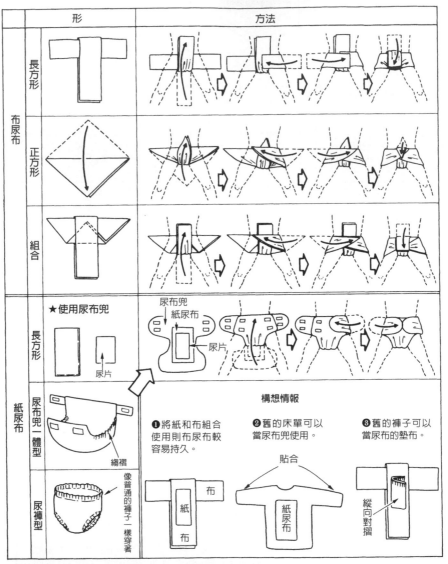

		形	方法
布尿布	長方形		
	正方形		
	組合		
紙尿布	長方形	★使用尿布兜 尿片	尿布兜 紙尿布 尿片
	尿布兜一體型	縐褶	構想情報 ❶將紙和布組合使用則布尿布較容易持久。 ❷舊的床單可以當尿布兜使用。 ❸舊的褲子可以當尿布的墊布。
	尿褲型	像普通的褲子一樣穿著	貼合 布 紙布 布 / 紙尿布 / 縱向對摺

布尿布可以清洗好幾次，但是如果不併用尿布兜的話，臭味會露出來，而尿液和糞便也可能會滲出來。此外，使用紙尿布雖然用後即丟非常的衛生，但是對長期的患者而言，價格太過昂貴，各有優缺點。因此要運用各種尿布的特徵，並配合患者的狀態來使用。

【排泄】

尿布的換法

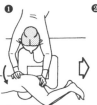

❶ 推患者腰部，使其朝向側面側躺。

新尿布

髒的尿布

❷ 去除髒的尿布並擦拭臀部。

> 這時髒的紙尿布要捲成圓形，清潔面好像推入臀部下方似的擦拭臀部也不錯。

> 然後用爽身粉等輕輕拍打，較容易乾燥。

攤開新的尿布

❸ 擦好並充分乾燥之後換新的尿布。

❹ 讓患者重新仰躺回來。

❺ 然後用包尿布兜等輕輕拍打，較容易乾燥。

------【注意事項】------

　　冬天爲了患者著想，手和尿布要事先加熱，這一點非常重要。

【排泄】

特別需要注意的尿布包法

　　男性和女性的生理構造不同，因此要在尿布的包法上下工夫，避免尿沾到臀部。

　　排泄後用濕熱的毛巾等充分擦掉尿，這時如果用力摩擦會使皮膚受傷，因此要以輕拍的方式來擦【注】。

擦好並充分乾燥之後換新的尿布。

男性的情形

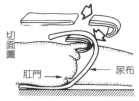

切面圖

肛門　　尿布

※摺成細長型的毛巾先包住陰莖

女性的情形

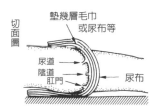

墊幾層毛巾或尿布等

切面圖

尿道
陰道
肛門　　尿布

※從臀部下方開始到尿道為止，要墊上厚厚的毛巾等。

【注】這時可以頻頻更換擦拭的毛巾面來擦拭，然後再撒上爽身粉等，用乾的毛巾輕輕擦拭則更容易乾燥。

排泄

【排泄】

導尿（女性的情形）

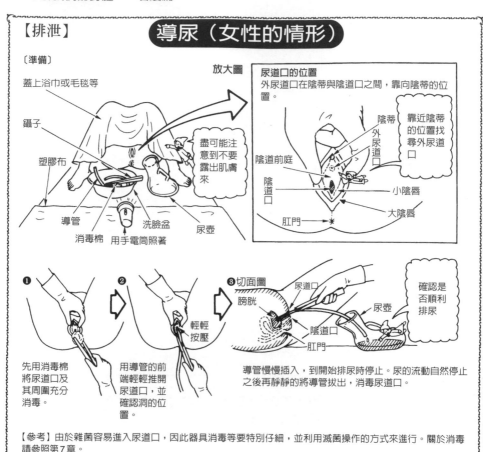

〔準備〕

蓋上浴巾或毛毯等

鑷子

塑膠布

導管

消毒棉

用手電筒照著

洗臉盆

尿壺

盡可能注意到不要露出肌膚來

尿道口的位置
外尿道口在陰蒂與陰道口之間，靠向陰蒂的位置。

放大圖

陰蒂
外尿道口
陰道前庭
陰道口
肛門

靠近陰蒂的位置找尋外尿道口

小陰唇
大陰唇

❶ 先用消毒棉將尿道口及其周圍充分消毒。

❷ 用導管的前端輕輕推開尿道口，並確認洞的位置。

輕輕按壓

❸ 切面圖

膀胱
尿道口
尿壺
陰道口
肛門

確認是否順利排尿

導管慢慢插入，到開始排尿時停止。尿的流動自然停止之後再靜靜的將導管拔出，消毒尿道口。

【參考】由於雜菌容易進入尿道口，因此器具消毒等要特別仔細，並利用滅菌操作的方式來進行。關於消毒請參照第7章。

【排泄】

停留式導尿管法（持續導尿）

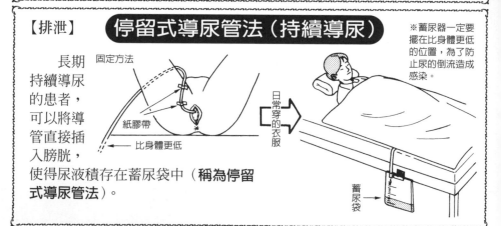

長期持續導尿的患者，可以將導管直接插入膀胱，使得尿液積存在蓄尿袋中（**稱為停留式導尿管法**）。

固定方法

紙膠帶

比身體更低

※蓄尿器一定要擺在比身體更低的位置，為了防止尿的倒流造成感染。

日常穿的衣服

蓄尿袋

【參考】尿閉的患者或是臥病在床的老人等，使用停留式導尿管法不需要更換尿布，可以減輕看護的負擔。而患者也可以從尿布疹的症狀中解放出來，不容易得褥瘡。但是相反的，也會有不再感覺尿意，失去自己排尿的能力這些缺點存在。

第 5 章
藥物的種類

藥物的投與

❺
藥
物
的
種
類

各種經口投與藥

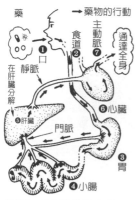

內服藥之旅

藥

→藥物的行動

主動脈❼

食道❷

通達全身

❶口

靜脈

在肝臟分解

❺肝臟

門脈

❻心臟

❸胃

❹小腸

事實上，在通過肺又回到心臟。不過在圖中省略不提。

★**內服藥**…經口投與的藥物稱爲內服藥，佔藥的六成以上，是最安全又簡便的利用方法。

內服藥經口進入之後，經由食道到達胃，並由胃液溶解（左圖❸）。

這時，有些藥物會直接被胃吸收，但是大部分都是在小腸被吸收（左圖❹）。

然後經過門脈，在肝臟分解。送達心臟之後，再由動脈送達至各器官。

從服用內服藥到到達器官爲止，需要花較長的時間。

★**舌下錠**…有些藥物一旦被胃或肝臟分解之後就無效了。因此，這時可以含在舌下，直接由黏膜吸收。

舌下錠

舌下錠

由口腔黏膜直接吸收

各種外用藥

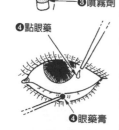

❶貼藥

❷軟膏

❸噴霧劑

❹點眼藥

❹眼藥膏

❶**貼藥**…濕布等貼與皮膚的藥物。由於藥物的成分可以直接從皮膚滲透，所以效果迅速，副作用比較少。

但是如果貼在眼睛等部位的話，看起來會比較難看。

❷**軟膏**…主要是使用於皮膚的乾燥面。最近也出現了經由血管吸收之後，對於全身有效的軟膏。

❸**噴霧劑**…直接噴在皮膚或喉嚨、氣管等的藥物。

❹**點眼藥・眼藥膏**…使用於治療眼睛感染症的液體狀點眼藥以及軟膏等。

❺**點鼻藥**…用來治療鼻子的發炎症狀等。

❻**塞劑**…經由肛門或陰道插入，藥效成分可以直接從黏膜吸收，因此效果出現得比內服藥更快。

❼**含漱劑**…用來治療口腔的發炎症狀等。

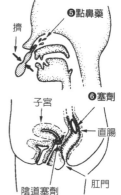

❺點鼻藥

擠

❻塞劑

子宮

直腸

陰道塞劑

肛門

【藥物服用上的注意事項】藥物一定要遵守使用量及使用的方法，而且要在使用的時間服用。此外，不可以因爲症狀沒有好轉，就任意的判斷，並中途停止服藥。即使症狀類似，也不可以將藥物給予他人。

各種灌腸

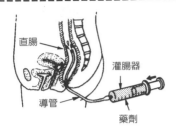

直腸
灌腸器
導管
藥劑

　　將藥劑經由肛門注入的方法即稱爲灌腸。主要是❶用來促進排便❷希望大腸黏膜能夠吸收營養或藥劑而使用。

　　【參考】此外，也有整腸或者是洗腸所使用的高壓灌腸。

各種注射

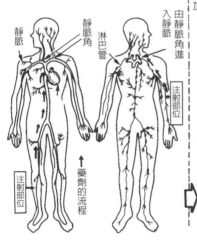

❶從注射的部位通過靜脈或淋巴管，藥劑會到達心臟…

❷肌肉注射…肌肉內含有豐富的血管和淋巴管，因此能夠迅速加以吸收。

靜脈
淋巴管
靜脈角
由靜脈角進入靜脈
動脈
藥劑的流程
注射部位
注射部位
藥劑的流程

　　注射是將藥劑直接投與到體內，因此比內服藥出現的效果更快。

　　此外，由於不會經過胃或肝臟，因此不必擔心藥劑會被分解。

　　但是相反的，副作用也比較大。

　　❶皮下・皮內注射…注射於皮下或皮內組織。

　　❷肌肉注射…注射於肌肉的方法。

　　❸靜脈注射…注射於靜脈的方法。

❺ 藥物的種類

【參考】投與藥物的方法以及效果出現的方式之間的關係

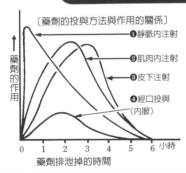

〔藥劑的投與方法與作用的關係〕

藥劑的作用 ↑

❶靜脈內注射
❷肌肉內注射
❸皮下注射
❹經口投與（內服）

0　1　2　3　4　5　6　小時
藥劑排泄掉的時間

　　藥劑因其投與方法的不同，被吸收的方式以及效果出現的方式（藥理作用）也都不同。

　　❶靜脈內注射…直接將藥劑注入靜脈，因此是效果能夠最快出現的投藥方法。
　　❷肌肉注射…肌肉內含有豐富的血管和淋巴管，因此能夠迅速吸收。
　　❸皮下注射…經由毛細血管慢慢的吸收。
　　❹內服劑…先經過胃和肝臟，因此效果會慢慢的出現。

【藥】

防止誤服藥物或者是忘了服藥的方法之 1

★一次份的藥物整理成一包，分爲早、中、晚準備好。

〈包藥的方法〉

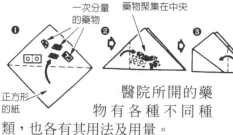

藥物聚集在中央

一次分量的藥物

一端摺反過來

翻過來

正方形的紙

填入日期和服用的時間

⑤ 藥物的種類

醫院所開的藥物有各種不同種類，也各有其用法及用量。

但是，如果服用種類很多，稍不謹慎可能會忘了服用或是誤服藥物。

高齡者更有這種情況出現。

因此，可以將一次必須要服用的藥物整理成一包，用紙包住並寫上日期和服用的時間。

這樣的話，患者就可以正確的服用藥物了。

【藥】

防止誤服藥物或者是忘了服藥的方法之 2

★使用藥包製作服藥用的時間表

❶一日份的表

❷一週份的表

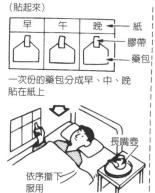

（貼起來）

| 早 | 午 | 晚 |

紙
膠帶
藥包

一次份的藥包分成早、中、晚貼在紙上

依序撕下服用

長嘴壺

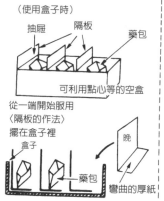

（使用盒子時）

抽屜　隔板　藥包

可利用點心等的空盒

從一端開始服用

〈隔板的作法〉

擺在盒子裡

盒子

藥包

彎曲的厚紙

晚

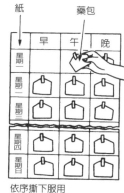

紙　藥包

	早	午	晚
星期一			
星期二			
星期三			
星期四			
星期五			

依序撕下服用

如上圖❶❷所示，製作服藥的時間表並擺在患者的枕邊。

這樣子的話，不論是患者或是看護，是否要服藥就能一目了然。發現時也能立刻服用，不會麻煩。此外，也可以防止忘了服用藥物。

【藥】 藥物的簡易管理法

★使用空盒，一目了然的藥物管理方法

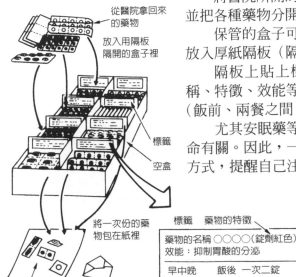

從醫院拿回來的藥物

放入用隔板隔開的盒子裡

標籤

空盒

將一次份的藥物包在紙裡

一次份的藥物

標籤　藥物的特徵

藥物的名稱 ○○○○（錠劑紅色）
效能：抑制胃酸的分泌

早中晚	飯後	一次二錠
用法		用量

將醫院所開的藥物，從藥袋中拿出來，並把各種藥物分開來保管。

保管的盒子可以利用點心的空盒等，再放入厚紙隔板（隔板的作法請參照前頁）。

隔板上貼上標籤，簡單寫上藥物的名稱、特徵、效能等。此外，一定要寫上用法（飯前、兩餐之間、飯後等）和用量。

尤其安眠藥等，一旦用量弄錯的話與生命有關。因此，一定要採用紅筆書寫正確的方式，提醒自己注意。

看護看著標籤，將一次份的藥物從盒子裡取出來，包在紙裡交給患者就可以了。所以這是簡單、正確的藥物管理法。

【藥】 調查醫院拿回來的藥物

★看護為了患者著想，一定要調查藥物

調查藥物的效能，可以了解患者現在的病情，以及投藥的方式。

醫師所開的藥物處方，不要只是漠然的讓患者服用，應該要知道為什麼要避免空腹時服用等等的理由，對患者而言怎樣較容易服用。此外，對於疾病也能夠有正確的知識。這樣就能夠避免患者產生不必要的擔心，更能提高恢復力。

調查藥物效能最好的方法就是請教開藥物的醫師。如果有不明白的地方，多問幾次也可以建立與醫師之間的信賴關係。

當然有一些市售的書籍，會說明一些簡單的藥物利用方法，但是不可以過度信賴。

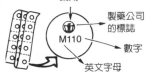

（醫院拿回來的藥物）
藥劑

製藥公司的標誌

M110

數字

英文字母

【藥】

餵藥的方法

餵藥的時候有各種的方法。但是，不管是任何一種藥物，在吞服的時候都不可以阻塞在食道。因此，在吞下之後，為了使其充分溶解，要用大量的水送服（有飲水限制的人，則在飲水限制範圍內喝水）。

〈睡前餵服藥品之法〉
①使病人的臉稍微側放
②用手扶住病人頭後，使其頭部略微上抬
③讓病人用吸管吸食藥水

吸管
【注1】

★錠劑・膠囊的服用方法

錠劑分為小塊之後再服用

錠劑…顆粒較大，患者不容易吞下時，可以分成小塊再服用【注2】。

膠囊…膠囊為了避免損害藥效，在送達胃和腸之後才會融化，所以一定要直接服用【注3】。

★難聞的藥粉（藥散）的服用法

❶在舌頭稍微靠近中央的位置是味覺比較遲鈍的地方。

❷藥包的上部為了避免碰到上顎，因此要斜斜的剪掉。

❸注意藥粉不要撒出來，和水一起倒入口中吞服。

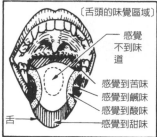
〔舌頭的味覺區域〕
感覺不到味道
感覺到苦味
感覺到鹹味
感覺到酸味
感覺到甜味
舌

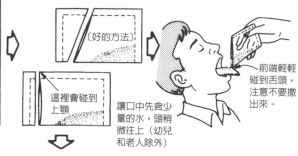
〔好的方法〕
這裡會碰到上顎
前端輕輕碰到舌頭，注意不要撒出來。
讓口中先含少量的水，頭稍微往上（幼兒和老人除外）

★苦藥的餵法

❶如圖所示將糯米紙摺疊，並將藥包好。

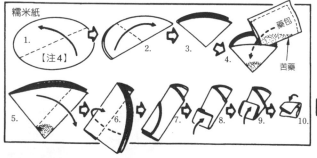
糯米紙
1. 【注4】
2.
3.
藥包
4.
苦藥
5.
6.
7.
8.
9.
10.

❷趁糯米紙尚未融化的時候，和水一起吞服。

擺藥的位置
水

【注1】除了吸管以外，使用長嘴壺等也可以。 【注2】因藥的不同，有些不可以分開，所以要仔細閱讀用法。 【注3】詳情請參照50頁。 【注4】糯米紙藥局可以買得到，有圓形和袋狀的，圓形的比較容易使用。

【藥】

餵孩子吃藥的「工夫」

因為孩子很討厭藥的味道或是氣味，所以有時沒有辦法整顆藥吞下去，因此要餵他吃藥很困難。

所以在餵藥的時候，一定要下點工夫讓孩子容易服用藥物。

★藥粉的餵法

用糯米紙包著讓他服用【注1】。此外，還可以用水調成糊狀（方法1），或泡在水中再讓他喝下（方法2）。

除了水以外，也可以使用少量的果汁或是冰淇淋等，調拌之後再餵他吃。但是不建議各位採用這種方法【注2】。

★錠劑的服用法

和膠囊同樣的，孩子很難吞下這種藥物。因此可以弄碎讓他服用。

★膠囊的服用法

可以取出內容物的膠囊就取出讓他服用。但是7歲以下的孩子不適合服用膠囊。

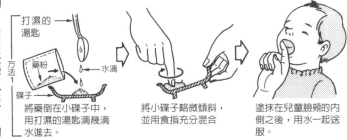

方法1

打濕的湯匙　藥粉　水滴　碟子

將藥倒在小碟子中，用打濕的湯匙滴幾滴水進去。

將小碟子略微傾斜，並用食指充分混合

塗抹在兒童臉頰的內側之後，用水一起送服。

方法2

藥粉　酒杯　少量的水

將藥倒入加入少量水的小酒杯中調拌

Ⓐ 用湯匙撈起餵食

Ⓑ 用酒杯直接餵食

⑤ 藥物的種類

【注1】糯米紙的包法請參照前頁。
【注2】因為容易被冰淇淋或是果汁打濕，所以有的孩子在中途也不愛吃，結果還是沒有辦法順利的餵藥。此外，還會造成孩子對於食物的好惡感。

【參考】孩子年齡與服用藥物量的標準（成人服用1顆時）

15歲時與成人的用量相同

0	6個月	1歲	2	3	4	5	6	7	8	9	10	11	12	13	14	15

錠劑　1/5　1/4　1/3　1/2　2/3　1

孩子因為身體還未發育完成，因此對於藥物的反應與成人不同。

所以藥量必須隨著身體而調節。而且實際上，不光是年齡問題，孩子也具有很大的個人差，絕對不能夠自行判斷，要遵從醫師藥劑師的指示來服用。

$$計算公式：兒童量 = \frac{年齡 \times 4 + 20}{100} \times 成人量【注3】$$

【注3】稱為亞格斯巴加式。此外，還有各種的公式。

【藥】

藥物的服用時間

★各種服用時間

醫師所開的處方會指示「飯後」、「兩餐之間」等服用的時間，因此會形成下表。

〈藥物的服用時間一覽表〉

時間	6時	7	8	9	10	11	12時	1	2	3	4	5	6	7	8	9	10	11	12
一天的生活		早餐					午餐						晚餐					就寢	睡眠
① 飯前藥		30分					30分						30分						
② 飯後藥			30分					30分						30分					
③ 兩餐之間的藥																			
④ 其他							頓服藥												

▨ … 服用時間

就寢前的藥物

❶**飯前**…比用飯的時間提早30分鐘服用。

調節血糖值、增進食慾，以及避免食物進入胃中之後，會損害藥物的效力等，因此要飯前服用。

空腹時，藥物的消化吸收迅速。

❷**飯後**…飯後30分鐘以內服用。

如果胃是空的，容易引起胃腸障礙的藥物就要採用這種方法。但是有時只是防止忘了服用。因為會慢慢的被消化吸收，因此作用比較溫和。

❸**兩餐之間**…例如午餐與晚餐之間，也就是飯後2~3小時再服用的藥物。當然不可以在用餐的時候服用。

❹**其他**

‧**頓服**…與飲食無關，配合必要的時候隨時都可以服用。

像解熱鎮痛藥等，就是屬於這類型的藥物。

‧**就寢前**…晚上睡覺前30分鐘~1小時前服用。

★忘了餵患者服藥時

⑴如果時間接近的話，立刻讓他服用。

⑵如果下一次服用的時間已經接近的話，就放棄上一次沒有服用的藥物，從下一次開始按照時間來服用。【注】

【參考】飯前如果忘了服用，而在飯後發現的話，也可以立刻服用。基於上述的理由，飯前、飯後的差距並不大。與其不服用還不如服用比較好。

【注】因藥的不同，不可以任意的判斷可不可以服用，一定要和醫師聯絡，請問醫師該如何處理。

【藥】

家庭常備藥

爲了防止夜間發病，或者是做緊急處置等，在家庭中要準備以下的藥物。

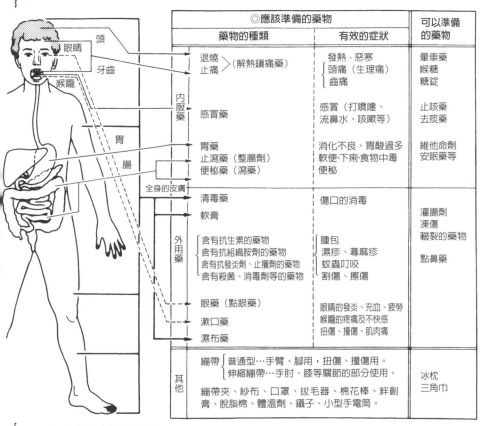

	◎應該準備的藥物		可以準備的藥物
	藥物的種類	有效的症狀	
內服藥	退燒 止痛 〉（解熱鎮痛藥）	發熱、惡寒 頭痛（生理痛） 齒痛	暈車藥 喉糖 糖錠
	感冒藥	感冒（打噴嚏、流鼻水、咳嗽等）	止咳藥 去痰藥
	胃藥 止瀉藥（整腸劑） 便秘藥（瀉藥）	消化不良、胃酸過多 軟便、下痢食物中毒 便秘	維他命劑 安眠藥等
外用藥	清毒藥	傷口的消毒	灌腸劑 凍傷 皸裂的藥物 點鼻藥
	軟膏		
	含有抗生素的藥物 含有抗組織胺劑的藥物 含有抗發炎劑、止癢劑的藥物 含有殺菌、消毒劑等的藥物	腫包 濕疹、蕁麻疹 蚊蟲叮咬 割傷、擦傷	
	眼藥（點眼藥） 漱口藥 濕布藥	眼睛的發炎、充血、疲勞 喉嚨的疼痛及不快感 扭傷、撞傷、肌肉痛	
其他	繃帶 普通型…手臂、腳用，扭傷、撞傷用。 伸縮繃帶…手肘、膝等關節的部分使用。		冰枕 三角巾
	繃帶夾、紗布、口罩、拔毛器、棉花棒、絆創膏、脫脂棉、體溫劑、鑷子、小型手電筒。		

★常備藥的管理方法

常備藥一覽表
蓋子的內側
藥箱

在藥箱蓋子的內側貼上常備藥的一覽表，一看就知道該買什麼藥回來，非常的方便。

在保管時，爲了防止變質，要避免高溫多濕和陽光直接照射。此外，要放在兒童手搆不著的高處。

〈好的保管場所例〉

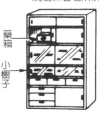

藥箱
小櫥子

【藥】錠劑或膠囊必須直接服用的理由

藥物的流程

服用藥物

食道　到達全身　【腸溶劑】

肝臟　血管　心臟

①不在胃中被溶解
　　　→膠囊

錠劑 →

血管

②在腸中溶解

胃

小腸

藥物的種類

★內服劑的種類

經口服用的藥物，包括散劑或顆粒劑等所謂的藥粉，以及膠囊和錠劑等。

藥粉容易服用，吸收迅速。但是帶有苦味，所以可以花點功夫用糯米紙包住再服用。

錠劑或膠囊不必擔心苦味的問題，但是很難吞服。

★錠劑或膠囊的服用方法

錠劑和膠囊是為了避免藥效受到胃的損害（不在胃中被分解），而能夠溶解腸中。因此採用這樣的方式（腸溶劑等）。

所以原則上，錠劑或膠囊要直接服用。

【藥】藥為什麼要用水或白開水送服的理由

★如果沒有水該如何服藥呢？

通常藥物是用水或者是白開水一起送服，才能夠順利通過食道到達胃。

但是藥物當中，特別是膠囊或是錠劑，一旦沒有水而吞下時會黏在食道，有可能會發炎或引起潰瘍。

此外，攝取水分可以提高胃和腸的功能，使藥效能迅速吸收。

★是否可以用茶或咖啡送服藥物呢？

並不是說只要有水分都可以使用。

有的藥物，例如鐵劑等，藥效會受到茶中單寧酸的阻礙。

由於藥效受阻的例子很多，所以最好用水或白開水送服。

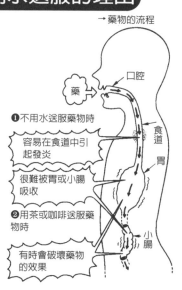

→ 藥物的流程

口腔

❶不用水送服藥物時

食道

容易在食道中引起發炎

胃

很難被胃或小腸吸收

❷用茶或咖啡送服藥物時

小腸

有時會破壞藥物的效果

【藥】

舌下錠或塞劑的吸收方式

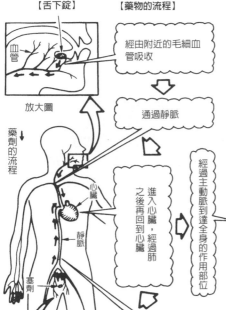

〈舌下錠與塞劑被吸收的路線〉

【舌下錠】 　　【藥物的流程】

血管

放大圖

經由附近的毛細血管吸收

通過靜脈

藥劑的流程

心臟

靜脈

塞劑

進入心臟，經過肺之後再回到心臟

經過主動脈到達全身的作用部位

從側面看的放大圖

通過靜脈

塞劑

陰道塞劑

【塞劑】 　　【藥物的流程】

由附近的毛細血管吸收

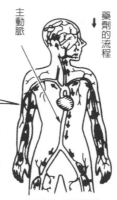

主動脈

藥劑的流程

〔流遍全身的藥劑〕

★**舌下錠的吸收方式**

藥物當中，有些藥物即使內服，在被肝臟分解之後依然無法發揮效力。

（例：狹心症治療所使用的硝化甘油等）

這時，就要把藥劑含在舌下，經由唾液溶解，再由口腔黏膜的毛細血管或是淋巴管等吸收。這些藥物稱為舌下錠。

用這個方法，藥劑不需要經過肝臟，而是經由靜脈直接送達心臟，所以不會失去效力。

★**塞劑的吸收方式**

與舌下錠同樣的，塞劑是經由肛門或陰道的黏膜直接進入血液中送到心臟，所以不會在肝臟被分解。

塞劑的種類

❶對全身產生作用（例如：解熱劑等）。

❷促進排便（例如：便秘藥等）。

❸直接作用於患部的塞劑等。

【服用時的注意要點】

如上所敘述的這些藥物不會被肝臟所分解，所以給予患者時，一定要提醒他絕對不可以內服。

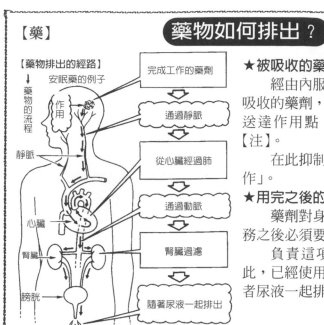

藥物如何排出？

【藥】

【藥物排出的經路】
安眠藥的例子

藥物的流程

作用

靜脈

心臟

腎臟

膀胱

完成工作的藥劑

⇩

通過靜脈

⇩

從心臟經過肺

⇩

通過動脈

⇩

腎臟過濾

⇩

隨著尿液一起排出

★被吸收的藥劑會變成何種結果？

　　經由內服或注射在體內被靜脈血吸收的藥劑，經由心臟、肺由動脈血送達作用點（需要使用藥的部位）【注】。

　　在此抑制發炎、止痛並完成「工作」。

★用完之後的藥劑會變成何種情況？

　　藥劑對身體而言是異物，完成任務之後必須要迅速排出體外。

　　負責這項任務的就是腎臟。因此，已經使用過的藥劑經由腎臟，隨著尿液一起排出體外。

【注】有局部性的藥物及全身性的藥物。

老人服用藥物時的注意要點

【藥】

★老人身體的特徵

　　所謂代謝是指新的細胞不斷取代舊的細胞。

　　但是隨著年齡增長，代謝機能衰退時，細胞數減少、臟器萎縮。例如攝取藥物時若無法處理完，就會積存在體內【注】。

★老人與藥

　　一旦藥物的處理能力減退時，就會出現副作用。

　　老人服藥時，為了防止「服用過多」，一定要他仔細聆聽醫師的說明。

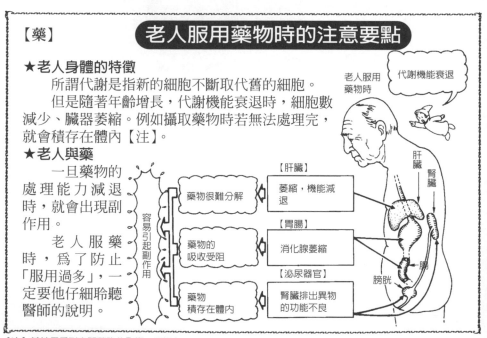

老人服用藥物時　　代謝機能衰退

容易引起副作用

藥物很難分解

藥物的吸收受阻

藥物積存在體內

【肝臟】
萎縮，機能減退

【胃腸】
消化腺萎縮

【泌尿器官】
腎臟排出異物的功能不良

肝臟　腎臟

腸　膀胱

【注】其結果受到夜間藥物的影響，可能白天也會頭腦茫然。

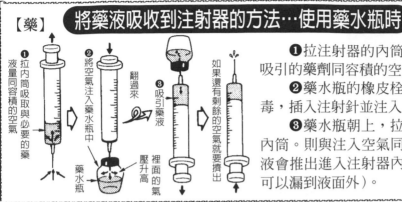

【藥】　將藥液吸收到注射器的方法…使用藥水瓶時　【注】

❶拉內筒吸取與必要的藥液量同容積的空氣

❷將空氣注入藥水瓶中　翻過來

❸吸引藥液

裡面的氣壓升高

藥水瓶

如果還有剩餘的空氣就要擠出

❶拉注射器的內筒，吸入與吸引的藥劑同容積的空氣。

❷藥水瓶的橡皮栓要事先消毒，插入注射針並注入空氣。

❸藥水瓶朝上，拉注射器的內筒。則與注入空氣同容積的藥液會推出進入注射器內（針尖不可以漏到液面外）。

❺藥物的種類

【注】此外，還有利用安瓿吸引的方法等。

【藥】　注射法

注射包括皮內注射、皮下注射、肌肉注射、靜脈注射等。

與其他的投藥方法不同，藥液注入循環經路因此具有速效性。但是相反的，副作用也較強。

因此原則上，應該由醫師或護士進行。但是，最近像糖尿病患者自行注射胰島素等，由患者自行注射的例子也不少。

胰島素自行注射是採用皮下注射的方式，在如右圖所示的部位進行注射。

▲**皮下注射**…注射器以10~30度的角度刺向皮膚，注入皮下組織的方法。

如圖所示，捏起皮膚較容易注射到皮下。

注射的方法
皮下注射時

捏皮膚

10
~30°

自行注射胰島素的部位

【後面】

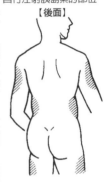

【前面】

要避開肚臍

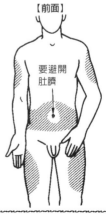

【自行注射時的注意事項】

如不得已必須自行注射時，必須注意❶注射的方法❷注射的部位❸注射的時間這3點一定要遵從醫師的指導，而且忠實的實行。

【藥】

塞劑的種類與處理上的注意事項

❶直接插入塞劑……如圖所示，捏成紡錘型或者是圓錐形，從肛門插入時經由體溫溶解的方法。

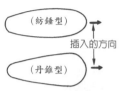

（紡錘型）

插入的方向

（丹錐型）

因此，在保管時要放在冰箱裡保存。

插入時若直接用手拿會融化，因此最好用衛生紙夾著。先在膨脹的部位塗抹潤滑油等（沙拉油也可以），然後慢慢的塞入並壓2~3分鐘。

❷管型的塞劑………在管中含有軟膏等藥劑。拿掉蓋子將管子插入肛門並擠出藥劑。

管

蓋子

一旦裡面的藥劑變硬時，可以用手稍微加熱一下，或者是擠出少量藥劑塗抹在管子上則較好插入。

❺ 藥物的種類

【藥】

塞劑的插入方法

【自行插入時】

從側面插入時

塞劑

採取蹲下的姿勢，拿著塞劑的手如左圖所示，從側面插入。

嘴巴慢慢的呼吸，並放鬆腹部的力量。

從前面插入時

塞劑

如果手繞到前面插入比後面插入更輕鬆的人，可以採用如左圖所示的方法插入。

總之，採取自己容易插入的姿勢來進行。【注1】

【看護負責插入時】

側臥時

上面的腿彎曲

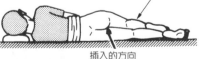

插入的方向

讓患者採側臥位（側躺），上面的一隻腿彎曲。

這樣就能夠去除腹部的緊張，較容易插入。

仰臥位時

插入的方向

從臀部看的圖

肛門

插入的方向【注2】

無法側躺的人，則如圖所示採用仰臥位來插入。

【注1】插入之後站起來的話，塞劑會迅速進入直腸內。
【注2】女性開口部有3處，所以一定要確定是肛門才能插入。

【藥】 絆創膏（膠帶型・貼布型）的固定法

【配合身體部位的固定法】

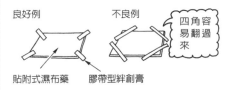

膝蓋等凸部 → 膠帶型絆創膏

脚跟的凸部 →

紗布

3～5cm

手肘內側等凹部 →

足脛的部分 →

【貼附式濕布藥的固定法】

良好例　　　不良例

四角容易翻過來

貼附式濕布藥　　膠帶型絆創膏

★**膠帶型絆創膏的固定祕訣**

❶固定蓋住傷口紗布的「功夫」

身體會做各種動作，因此在貼絆創膏的時候要貼在適當的部位，怎麼動都不會脫落才行。

・**膝等凸部**…用絆創膏好像圍住凸部似的固定。

・**脚跟的凸部**…絆創膏由後往前固定，然後由下往上固定。

・**手肘內側等凹部**…固定絆創膏後的形狀成）（型。

・**足脛等部分**…平行固定。

※絆創膏必須ㄅ兩側露出比紗布長3~5cm的長度。ㄆ中央蓋上紗布。ㄇ將絆創膏的兩端拉直使其平順，然後牢牢的貼在皮膚上。

❷貼附式濕布藥的「防止脫落法」

如果是貼濕布藥，則四角成放射狀固定。

這樣的話，四角就不會脫落，能夠牢牢的貼住。

※貼附式濕布藥本身具有黏著力，因此外表面可以用絆創膏牢牢的固定，不必像紗布一樣整面都貼。

★**貼布型絆創膏的固定法**

貼布型絆創膏的固定法要注意周圍不要繞一圈。

一旦繞一圈時會造成瘀血，而且重疊的部分會發黏。

好的固定法　　容易瘀血

不好的固定法

一旦手指繞一圈的話

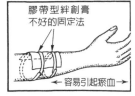

膠帶型絆創膏
不好的固定法

←容易引起瘀血→

【參考】緊緊的繞一圈會阻礙血液循環，引起指尖的麻痺。

⑤ 藥物的種類

【藥】 絆創膏（膠帶型・貼布型）的撕下法

★膠帶型絆創膏的撕法

　　如果絆創膏很難撕下來，或者是在肌膚上發黏，感覺撕不下來時，使用汽油就可以輕鬆的從肌膚上去除了。

★貼布型絆創膏的撕法

　　蓋住傷口的紗布乾燥並黏住傷口時，勉強撕下來的話可能連瘡都撕下來，所以要注意。

〔基本的撕法〕

朝著與要撕下來的相反方向按壓拉扯。

〔使用汽油〕

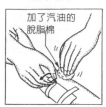

加了汽油的脫脂棉

〔撕下的順序〕

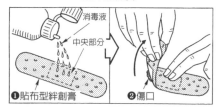

消毒液

中央部分

❶貼布型絆創膏　　❷傷口

　　緊緊的壓住皮膚，順著毛生長的相反方向慢慢的撕下來。

　　用沾著汽油的脫脂棉擦掉黏的部分再撕下來。

　　❶在貼布型絆創膏中央部分撒上消毒液，使其充分濕潤……

　　❷用手指輕壓濕的部分，慢慢的撕下來。

【藥】 軟膏的塗抹方法

★塗抹在傷口或是腫包上

　　❶將剪成適當大小的紗布的中央部分塗上軟膏。❷在塗抹的部分蓋住患部，鋪上紗布。❸用絆創膏固定。

　　※乾了之後要經常的更換。
這樣的話，等到完全痊癒時，就不會留下絆創膏的痕迹了。

〔使用紗布塗上軟膏的方法〕

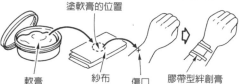

塗軟膏的位置

軟膏　　紗布　　傷口　　膠帶型絆創膏

★塗抹在濕疹和蕁麻疹的患部

　　軟膏的黏性很強，很難塗抹時，如果加入1~2滴的水混合之後再塗抹，就可以輕易的塗開了。濕疹和蕁麻疹在塗抹時，最重要的一點就是不可以造成刺激。

　　相反的，凍傷等為了促進血液循環，可以一邊按摩一邊塗抹。

〔凍傷〕

以按摩的方式塗抹

〔撕下黏性較強的軟膏的方法〕

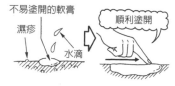

不易塗開的軟膏

濕疹

水滴

順利塗開

第6章
防止褥瘡

【褥瘡】

容易形成褥瘡的部位

健康人在睡覺時會翻身，並自然的變換體位。

因此，不會經常對同一個部位造成壓迫，阻礙血液循環。

但是重病患者、老人、麻痺或意識喪失的人就必須要注意了。

這些人沒有辦法靠自己的力量變換體位，如果不幫他變換體位的話，承受腰、肩膀等身體重量的部位就會引起血液的循環障礙。

這些部位的皮膚會發紅、糜爛，稱為褥瘡。

如右圖所示，褥瘡在骨凸出等容易在受到體重壓迫的部位發生。

▶容易形成褥瘡的部位

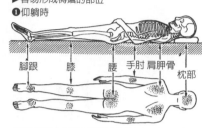

❶仰躺時

腳跟　膝　腰　手肘 肩胛骨　枕部

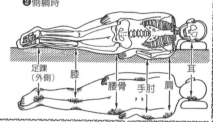

❷側躺時

足踝（外側）　膝　腰骨　手肘　肩　耳

【褥瘡】

褥瘡的原因

一直臥病在床的人，腰部附近特別容易受到體重的壓力。

皮膚的細胞是經由通過該處的無數血管接受營養，並進行新陳代謝（下圖❶）。

但是受到長時間的壓迫，血液的供給斷絕（下圖❷）就會引起壞死（細胞死亡或潰瘍），也會引起褥瘡（下圖❸）。

褥瘡也會因為失禁等皮膚潮濕、不乾淨而變得更嚴重。最後甚至連骨頭都清晰可見。

骨

放大模型圖

▶仰躺時

尤其臀部容易受到壓迫

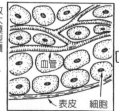

❶健康的狀態

血管

表皮　細胞

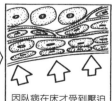

❷長時間受到壓迫時

因臥病在床才受到壓迫

❸褥瘡的發生

潰瘍

細菌容易繁殖

預防褥瘡的三種方法

【褥瘡】

❶進行按摩

▶按摩的方向

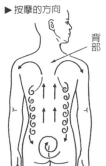

背部

❷蓋上溫濕布

浸泡在熱水中後擰乾的毛巾

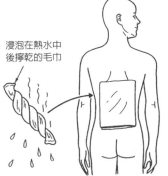

❸用吹風機等使其乾燥

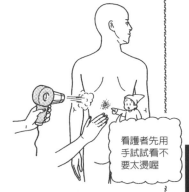

看護者先用手試試看不要太燙喔

要預防褥瘡，除了變換體位、保持皮膚乾燥、清潔狀態之外，促進皮膚血液循環也很重要。

因此要按摩背及腰部（上圖❶），墊上溫濕布（上圖❷）的方法都有效。

此外為了去除濕氣，要利用乾布或者是吹風機等使其乾燥（上圖❸）。

❻防止褥瘡

褥瘡的處理方法

【褥瘡】

一旦形成褥瘡就很難痊癒，因此要預防「避免形成褥瘡」。

但是若不幸形成褥瘡時，加以處理，避免惡化也很重要。

▶已經形成褥瘡時

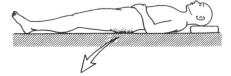

如果是紅腫程度的褥瘡，可以進行局部周圍的按摩，促進其血液循環（下圖❶）。用酒精消毒後（下圖❷）使其充分乾燥。

此外，使用圓坐墊等避免局部受到壓迫、減輕體重的負擔、經常變換體位，自然就能痊癒。

但是如果出現水泡或糜爛的話，就一定要接受醫師的治療。

❶輕柔的按摩

褥瘡

❷用酒精消毒

酒精棉

❸充分乾燥

【褥瘡】

仰躺時的褥瘡預防

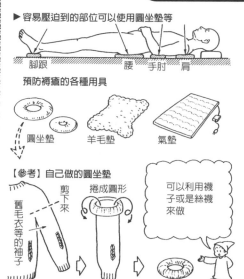

▶ 容易壓迫到的部位可以使用圓坐墊等

腳跟　　　腰　手肘　肩

預防褥瘡的各種用具

圓坐墊　　羊毛墊　　氣墊

【參考】自己做的圓坐墊

舊毛衣等的袖子　剪下來　捲成圓形

可以利用襪子或是絲襪來做

褥瘡在承受身體重量部位容易發生。其中像腰和手肘等骨頭凸出的部位也容易發生。

因此，可以在這些部位墊上小墊子，或者是使用圓坐墊等甜甜圈狀的枕頭墊住，就可以緩和壓迫【注】。

雖然市面上有賣圓坐墊，但是也可以利用舊衣，毛衣的袖子或是襪子等自己做圓坐墊。

此外，通氣性良好的羊毛墊或是能夠變換壓迫部位的氣墊等，都可以有效的防止褥瘡。

【注】預防褥瘡的用具大致分為全身用和局部用的。

要變更姿勢

【褥瘡】

側躺時的褥瘡預防

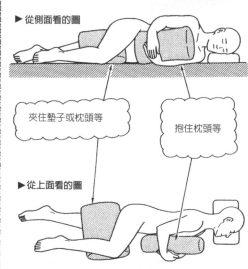

▶ 從側面看的圖

夾住墊子或枕頭等　　抱住枕頭等

▶ 從上面看的圖

褥瘡是因為長時間保持同樣的姿勢躺著所造成的。所以必須適時的變換體位。

換言之，仰躺的人（參照上段）經過一段時間之後，就要讓他變為側躺【注】。

側躺時，首先要讓雙腳分開，夾住墊子、枕頭或是毛巾等避免壓迫。

此外，手或手臂的關節可以抱枕頭等。

為了避免對於皮膚造成刺激，出現縐褶的床單或者是睡衣的縐褶都要拉平，而且要清除灰塵。

【注】如果沒有辦法側躺的話，也可以在身體一側的下面墊個坐墊等，稍微抬起就能產生效果。

【褥瘡】 避免蓋被重量壓迫身體的方法

長期臥病在床的患者，蓋被造成的壓迫會成為呼吸障礙或者是褥瘡的原因。

此外，蓋被的重量在腳尖直立等腳伸直的狀態下，會造成關節固定，稱為尖足。

一旦形成尖足時，即使疾病痊癒也沒有辦法立刻走路，需要長期的復健。

所以，如果要加以防止病人臥病在床障礙的話，可以使用離被架（參照右圖）【注】緩和蓋被的重量。或在床和腳之間墊個墊子，使腳和睡床保持直角。

❶蓋被長時間造成身體的壓迫

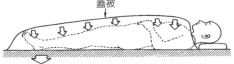

❷足關節僵硬（尖足）容易形成褥瘡

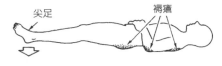

❸離被架（參照下圖）可以緩和蓋被的重量，同時使腳和睡床保持直角。

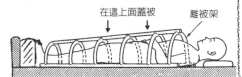

❻防止褥瘡

【注】也可以利用小的桌子或是空盒子等。

【褥瘡】 保持床單清潔的方法

▶從側面看睡床圖
❶枕頭鋪上浴巾，腰部附近鋪上防水布

❷防水布上再鋪上小床單

▶斜上方看的圖

浴巾或是小床單要經常更換

浴巾

防水布

小床單

要防止褥瘡，保持睡床清潔很重要。

因此要經常更換床單。

像枕頭或是腰部附近，容易因為掉下來的食物或尿失禁等弄髒。

因此，如果在枕頭上鋪上浴巾，腰部附近鋪上防水布，就可以防止床單的骯髒。

鋪上防水布時，為了避免防水布直接接觸到肌膚，上面可以再鋪上一層小的床單【注】。

不論是浴巾或是小床單，髒了之後就要立刻更換。

【注】防水布（塑膠布）欠缺通氣性，因此為了預防褥瘡，最好不要使用。如要使用的話，也僅止於最低限度。

【褥瘡】

日光浴的效果

【日光浴】

日光

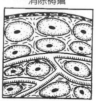

細胞　　血管

藉著日光的力量

消除褥瘡

　　陽光中所含的紅外線可以使身體溫暖，而紫外線則能幫助體內維他命D的合成。

　　適度的日光浴可以使身體的調節機能活性化，並提高肌膚和呼吸器官等的功能。

　　對於長期臥病在床的人而言，適當的進行體位交換、進行日光浴，會使得受壓迫部位的細胞新陳代謝旺盛，有助於預防及治療褥瘡。

❻
防
止
褥
瘡

第7章
消　毒

如何用酒精消毒 【注】

【消毒】

　　消毒用的酒精使用的是消毒效果極佳的高濃度（約77％）的酒精，大約15秒內就能殺死微生物。

　　可以用這個藥品來消毒手指、皮膚傷口及醫療器具。但還是有些注意事項。

　　▶ **嚴禁菸火!!**　酒精在室溫(9~32℃)中如果靠近火的話，瞬間就會引燃。因此一定要在沒有火的地方使用。

　　▶ **蓋緊蓋子**　酒精的揮發性極高，如果不蓋緊蓋子的話就會汽化，有可能會引燃。因此取得必要量之後要蓋緊蓋子。

【酒精的使用方法】

❶右手抓住貼有標籤的一面，左手打開蓋子。

以這樣的方式，手抓住貼有標籤的一面，就不會沾到藥品。

還沒有蓋上之前要一直拿著蓋子

❷倒入裝有棉花的容器中使酒精滲透到棉花上。

脫脂棉

金屬製的專門容器（密封的容器）

❸使用完後立刻蓋緊蓋子。

❹用脫脂棉輕輕擦拭要消毒的部位。

脫脂棉

⑦消毒

【注】市面上已有販賣一次使用一包，保存性、安全性極佳的消毒用酒精棉。

消毒用的甲酚皂溶液的作法　（與逆性皂液相同）【注】

【消毒】

藥品名	市售品的濃度	5杯水（約1公升）的藥品量					1公升（約5杯分）
		手指的消毒	傷口的消毒	餐具的消毒	器具的消毒	室內的消毒	排泄物的消毒
甲酚皂液	約50%	2杯蓋（約20ml）			2杯蓋（約20ml）	2杯蓋（約20ml）	2杯蓋（約100ml）
		1%的濃度			1%的濃度	1%的濃度	5%的濃度
逆性皂液	約10%	1杯蓋（約10ml）	1杯蓋（約10ml）	5杯蓋（約50ml）	1杯蓋（約10ml）	2杯蓋（約20ml）	
		0.1%的濃度	0.1%的濃度	0.5%的濃度	0.1%的濃度	0.2%的濃度	

【作法】（例）1%濃度的甲酚皂液

❶在洗臉盆中放入5杯分量的水之後

❷放入2杯蓋的藥品

戴上塑膠手套

❸充分攪拌

【計量的標準】

藥品的容器(500ml)

1杯(200ml)

1杯蓋(10ml)

【注】關於消毒用的藥劑，要特別注意保存管理的問題。

如何消毒手指 【注】

【消毒】

【消毒之前……】

❶ 首先用清水沖洗。

指甲剪短

❷ 用肥皂充分揉搓起泡，洗淨。

從指尖到手背依序洗淨

❸ 手指和指甲之間用刷子刷洗。

沒有專用刷時，可以使用牙刷。

❹ 用清水沖洗乾淨。

儘量將手指抬到手腕的上方。【注2】

【用甲酚皂液·逆性肥皂液消毒】

❶ 使用1%的甲酚皂液或0.1%的逆性肥皂液泡手，搓洗1分鐘。

消毒液的製作方法參照66頁。

❷ 用紙巾或清潔的毛巾仔細擦拭乾淨。

毛巾使用一次之後就要清洗，勿與他人共用。

○**甲酚皂液**一旦直接接觸到手或皮膚時，容易引起發炎。

○**逆性肥皂液**一旦殘留普通的肥皂泡沫時，會喪失消毒效果。

【酒精消毒】

❶ 用酒精棉擦手，使其充分乾燥。

酒精的使用方式請參照68頁。

❷ 手乾燥時，塗抹護手膏。

酒精具有易溶於水的性質，塗抹在手上，會奪走皮膚的水分或脂肪，使手部變得乾燥。

【防止對周圍的人造成感染】

★經常用手接觸的東西需要消毒

即使消毒手，但是像門把、樓梯的扶手、家具等都有微生物附著。如果手沾到微生物，可能會引起感染。

（消毒方法）……用濃度0.2%的逆性肥皂液浸泡的毛巾擦拭。

★消毒側溝

在下水道不完善的地方，生活排水會流到家門前的側溝裏。因此洗手時附著在手上的微生物會隨著排水流到側溝中。

這時在側溝繁殖的微生物一旦被蒼蠅接觸到，可能會再度進入家中。

（消毒方法）……經常將甲酚皂液倒入側溝中。

❼
消
毒

注1）平常保持手指的清潔，只要徹底實行【消毒之前……】的**❶**～**❹**就足夠了。此外，也可以用濕巾等代替。
注2）手指擺在手腕更上方是為避免沒有清洗到的部分的污濁會流到手指上的緣故。

【消毒】

如何消毒餐具　【注1】

【能夠煮沸的餐具】

❶在大鍋中將餐具全部放入並加水。

可以直接放入熱水中

❷約煮沸15分鐘。

❸用水和洗劑清洗，並用水沖洗。

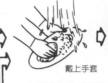

戴上手套

❹放在滴水藍中自然瀝乾水分。

用布擦拭可能會受到雜菌的污染

【不能煮沸的餐具】

❶用水清洗並去除污垢。一旦有蛋白質或是脂肪的污垢存在時，會降低逆性皂液的消毒效果。

戴上手套用水沖洗【注2】

❷浸泡在0.5％的逆性皂液中約30分鐘。

消毒液的作法參照前頁的敘述。

★剩下的飯菜該如何處理？

　病人吃剩的飯菜不要和其他的食物殘渣放在一起，應該裝入紙袋或是塑膠袋中，再倒入甲酚皂原液中進行消毒。

　然後再和其他的垃圾一起丟到垃圾車中。

【注1】也有使用市售消毒劑的簡單消毒方法。
【注2】這時手指可能會沾到微生物或是流到排水溝去，因此不光是手指，連側溝也必須要消毒。

【消毒】

衣物該如何消毒　【注】

【能夠煮沸的衣物】【注】

❶約煮沸15分鐘。

加入可以完全蓋滿衣物的水

❷放入清洗劑並用洗衣機洗濯。

能夠漂白的衣物可以使用氯系列漂白劑，提高消毒效果。

❸直接用陽光照射5小時。

一定要翻過來，兩側都要曬到陽光。

【不能煮沸的衣物】

❶浸泡在0.5％的逆性皂液中約30分鐘。

消毒液的作法參照前面的敘述

★無法充分照射陽光時……

　霉菌等微生物不耐高溫及乾燥。基於住宅情況及氣候的關係，有時沒有辦法充分的曬乾衣物，這時可以使用烘乾機進行消毒。

★病人的內褲沾到污物時……

　首先浸泡在3％的甲酚皂液中約30分鐘再洗濯。

【注】洗衣機中若放入漂白劑再洗，也可以達到一些除菌的效果。

⑦消毒

【消毒】

廁所和排泄物該如何消毒

在下水道完善的地區，尿液、糞便可以經過下水處理廠消毒。因此除非本人不可以到廁所去，必須使用插入式的便器，否則在家庭內不需要消毒尿或糞便。但如果沒有下水道式廁所的話，或者是使用插入式便器時，為了保持廁所的清潔，要參考以下的說明。

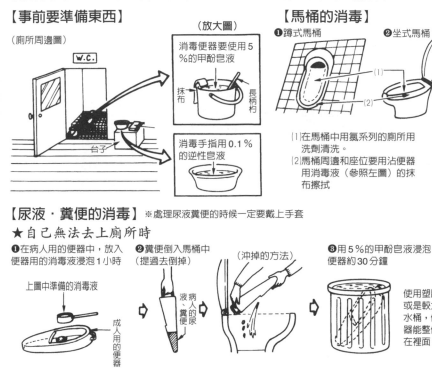

【事前要準備東西】

（廁所周邊圖）

W.C.

台子

（放大圖）

消毒便器要使用5％的甲酚皂液

抹布　　長柄杓

消毒手指用0.1％的逆性皂液

【馬桶的消毒】

❶蹲式馬桶　　　　❷坐式馬桶

(1)
(2)

⑴在馬桶中用氯系列的廁所用洗劑清洗。
⑵馬桶周邊和座位要用沾便器用消毒液（參照左圖）的抹布擦拭

❼消毒

【尿液・糞便的消毒】※處理尿液糞便的時候一定要戴上手套

★自己無法去上廁所時

❶在病人的便器中，放入便器用的消毒液浸泡1小時

上圖中準備的消毒液

成人用的便器

❷糞便倒入馬桶中（提過去倒掉）

病人的尿液、糞便

（沖掉的方法）

❸用5％的甲酚皂液浸泡便器約30分鐘

使用塑膠桶或是較大的水桶，使便器能整個泡在裡面。

❹用水沖洗乾淨

❺放在太陽下曬乾

這一面朝上斜靠在牆上

★可以自己去上廁所時

⑴蹲式廁所

廁所要倒入甲酚皂液直接沖掉

立刻蓋上蓋子

⑵淨化槽式廁所

如果是淨化式的蹲式廁所，則倒入甲酚皂液再沖掉。

【參考】擦拭病人痰或鼻涕的衛生紙

紙不要丟到馬桶裡沖掉【注】放入塑膠袋中用5％的甲酚皂液浸泡一會兒之後，再和其他的垃圾一起丟棄。

【注】因為衛生紙很難溶於水，一旦丟入馬桶裡沖掉的話，馬桶可能會阻塞。

【消毒】 保持被子的清潔（平常的注意事項）

★直接曬太陽

大約2小時，陽光中的紫外線就能殺死微生物。

但由於紫外線照不到內側，因此一定要全部都曬到太陽。

要拍掉被子中的灰塵和蟎等

★無法充分曝曬時

幾乎所有的微生物都不耐高熱和乾燥，所以被子也可以先使用乾燥機消毒，再使用吸塵器吸除蟎等。

乾燥1～2小時

【避免蟎或霉菌的繁殖……】

★要讓被子通風

起床剛過後的被子帶有相當多的濕氣。

因此起床之後，不要立刻把被子收入櫃子裡，要先通風、去除濕氣以後再疊好收起來。

★櫥子裡要放木條板

櫥子裡容易積存濕氣，蟎和霉菌容易繁殖。

因此，在下面擺木條板或保持通風很重要【注】。

留點縫隙

木條板

【注】平常就可以放入防蟲劑或防濕劑。

【消毒】 防止霉菌的方法 【注】

★起居室

⑴榻榻米的消毒

❶用乾布或是沾了0.2％逆性皂液的布擦拭。

消毒液的作法請參照前面的敘述。

❷直立並保持通風。

⑵地毯消毒

要經常用吸塵器清掃並曬太陽。

掉落的食物殘渣會成為霉菌生長的原因。

⑶家具的擺法

不要緊靠著牆壁。

如果沒有空隙的話，牆壁和家具內側容易發霉。

★冰箱 （夏天一個月進行2次消毒、冬天一個月進行1次）

❶用熱水擰乾的布擦拭之後，

架子等拿下來浸泡在熱水中清洗。

❷用清潔乾布擦拭。

可以使用0.1％的逆性皂液或其他的消毒液。

霉菌在10℃以下還可以棲息，所以在冰箱中還可以繁殖。

★浴室

浴室濕氣很多，附著的肥皂屑也會成為霉菌的營養來源。因此，最容易發霉的磁磚、木條板、牆壁、天花板等，要用水沖洗並噴灑防霉劑或用布擦拭。

【注】基本上蟎的處理也是同樣的。預防的總論請參照後面的敘述。

【基本知識】

為什麼要消毒呢？

消毒是為了殺死成為疾病原因的微生物，其目的有以下兩種。

〔1〕防止病人的二次感染

病人的抵抗力較弱，因此，即使感染對於健康人不會造成危害的微生物，也可能會併發意想不到的疾病。為了加以防止，所以需要常常加以消毒。

〔2〕防止對周圍人的感染

病人一旦感染了傳染性極強的微生物，只要接觸到病人身體或其使用的東西，就可能使家人或周圍的人受到感染。為了防止這一點，所以要勤於消毒。

【基本知識】

消毒的構造

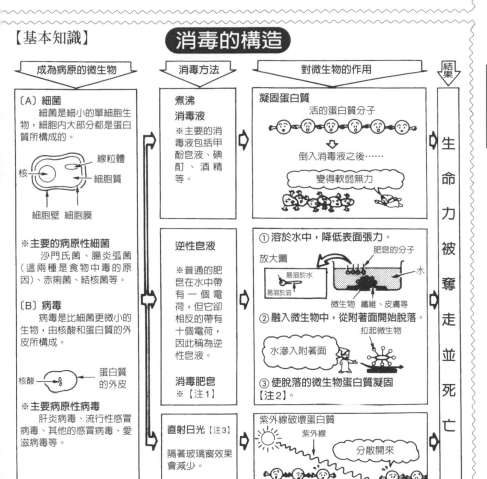

❼
消
毒

【注1】消毒肥皂、逆性皂液或者是含有消毒液。　【注2】微生物帶有一個電荷的部分，在水中被帶有十個電荷的逆性
〔皂〕液包圍，而引起蛋白質的變性。　【注3】在日常生活中，巧妙的活用日光消毒，是最簡單、安全、廉價的方法。

第 8 章
症狀別的看護

【症狀別的看護】 何謂平熱？

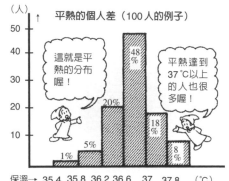

（人）↑ 平熱的個人差（100人的例子）

這就是平熱的分布喔！

平熱達到37℃以上的人也很多喔！

48%

20%

18%

1%　5%　　　　　　　　8%

保溫→ 35.4　35.8　36.2　36.6　37　37.8 （℃）

　　這個人平常（健康狀態時）的體溫稱為平熱。

　　平熱因人而異，各有不同。有的人35℃，而有的人接近38℃。

　　平熱具有個人差，可能是調節體溫的自律神經功能不同所造成的。

　　平熱最多是36℃~37℃，不過超過37℃以上的人也不少。為了避免和疾病的輕微發燒混淆，要知道自己的平熱。

【參考】體溫也有日內變動或年齡差等。

8 症狀別的看護

【症狀別的看護】 各種輕微發燒

▶ 並非疾病的輕微發燒

年輕女性的情形 ⇨ 女性因女性荷爾蒙的功能不同，在月經前10天可能體溫會比平常高1℃。不過這是生理自然現象，不用擔心。

▶ 病態的輕微發燒

體重沒有減少時 ⇨ 體溫的調節是由自律神經來進行的。但是這個神經功能出現異常時，就會造成這種現象。可能是本態性高低溫症或自律神經失調症等。

體重減少時 ⇨ 因為某種原因而罹患疾病。例如：結核或膠原病、甲狀腺機能的亢進症、貧血、惡性腫瘤（癌等）都可能成為原因。如果持續輕微發燒的話，一定要接受醫師的檢查。

老人的情形 ⇨ 由於體溫調節機能降低，因此平常會出現高燒的感染症。但有時可能只會出現輕微發燒。

精神造成影響 ⇨ 除了輕微發燒之外，還有頭重感和食慾不振、失眠等現象。可能是神經症（神經衰弱）或憂鬱病。

【症狀別的看護】　各種發燒

這是感染症

疾病的發燒

急性感染症

普通感冒　突然出現中度的發燒現象，並持續1~2天，伴隨著流鼻水或喉嚨痛等症狀。

流行性感冒　持續發高燒，有倦怠、發冷、頭痛感等出現，投與疫苗有效。

化膿菌造成的感染　發高燒。嚴重時會引起敗血症，或出現心內膜炎等（例如：扁桃炎、肺炎、支氣管炎、膽囊炎、中耳炎、闌尾炎等）。

慢性

結核等

感染症以外

感染症以外的情形是這樣的。

甲狀腺機能亢進症　由於代謝異常提高，因此出現發燒現象。此外，還有發抖、發汗、心悸等現象。

風濕熱　由於對溶血性鏈球菌產生免疫反應的結果而引起發燒。

其他　肝硬化或癌症等。

生理的發燒

憂鬱熱　在高溫多濕之處，體熱無法順暢放散時會出現這種現象，也就是體溫的上升。要補充水分，並在涼爽的地方靜養。

月經前的發熱　月經前10天左右會出現輕微發燒現象，這是女性荷爾蒙功能所造成的，不用擔心。

壓力或是過度疲勞也可能引起輕微發燒。

【症狀別的看護】　發燒的處理

　　發燒時最重要的就是要保溫，努力保持安靜，並好好攝取水分和營養，提高身體的抵抗力。同時要接受醫師的診斷。

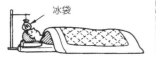

❶**保溫・安靜**　避免體力的消耗。如果患者需要的話，也可以給他使用冰袋。

冰袋

❷**水分補給**　攝取溫熱湯或是茶、果汁等。

❸**有營養的飲食**　攝取口感較佳、容易消化的食物。

【症狀別的看護】

何謂感冒？

感冒…上呼吸道的發炎

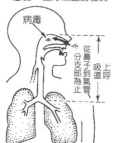

★感冒的原因

感冒是吸入了浮游於空氣中的病毒【注1】而引起的。原因是上呼吸道（從鼻子到氣管分支部爲止的呼吸道）的發炎。

★感冒的症狀

感冒主要症狀是流鼻水、鼻塞、打噴嚏、喉嚨痛等，不一定會發燒。

從輕微的傷風到流行性感冒，感冒分很多種。但是感冒不可以放任不管，否則會使得體力衰退或者是引起重病【注2】。

【注1】像腺病毒或是流行性感冒病毒等，據說有200種以上。
【注2】自古以來就說感冒是萬病之源。

【症狀別的看護】

感冒的預防法

引起感冒的病毒有幾百種，就算某些疫苗對其中一種病毒有效，但對其他病毒卻不見得都有效。

漱口　營養補給　不要穿太厚的衣服　乾布摩擦

因此，爲了預防感冒，從外面回家後要洗手、漱口，防止病毒深入體內。唯有平日攝取營養均衡的飲食及有足夠的睡眠，才能提高體力，這乃是最好的辦法。

此外，非必要不要穿太厚的衣服，使用乾布摩擦等也有效。

【症狀別的看護】

什麼是處理感冒的重點？

靜養、保溫、適度的濕度

水分補給

要增強體力喔

一旦感冒時，最重要的就是要靜養和攝取營養，增強體力【注】。

這時要蓋好被子，加強保溫，避免室內乾燥。

此外，流汗時水分容易缺乏，因此要利用茶或是湯補充水分。

進行適當的處置，通常感冒一週內就能自動痊癒。

【注】關於營養方面請參照後面的敘述。

⑧
症狀別的看護

【症狀別的看護】 口罩可以預防感冒嗎？

口罩是幾層紗布做成的，很難完全防止空氣中的病毒通過。

因此，幾乎沒有辦法用來預防感冒。雖然具有保溫的作用，但是圍個圍巾或是穿厚襪子更能提高保溫效果。

口罩應該是預防疾病傳染給他人的患者，應該帶的東西。

〔沒有戴口罩時的噴嚏飛沫〕

哈啾

病毒

能飛到6公尺遠的距離外

【症狀別的看護】 被他人的噴嚏噴到時該怎麼辦？

❽
症狀別的看護

感冒的人打噴嚏時，會使病毒擴散開來。

因此自己感冒的話，一定要戴口罩。打噴嚏時一定要用手或手帕摀住口，這是對周圍人的禮貌。

如果遇到了沒禮貌的人對你打噴嚏的時候，趕緊把臉轉開並停止呼吸幾秒鐘。最好能夠趕緊洗手和漱口，回家之後要用含漱液等漱口更能預防。

若無其事的轉開臉

哈啾

暫時停止呼吸

【症狀別的看護】 感冒以後不可以泡澡嗎？

感冒時最重要的是靜養，而且要攝取容易消化且營養的食物，提高體力才行（參照前頁）。

泡澡會消耗掉相當大的體力，因此感冒時最好避免泡澡。

為了避免汗或是污垢附著在身體，要更換內衣褲和睡衣，保持清潔，也能與泡澡得到同樣的效果（這種作法亦稱為衣浴）。

流汗的話就要趕緊擦掉。

會使用掉好像全速跑步的體力喔！

【症狀別的看護】

感冒藥的服用方法

★什麼是感冒藥？

感冒藥（綜合感冒藥）中含有緩和發燒、惡寒咳嗽、打噴嚏、鼻塞、肌肉痛等感冒各種症狀的藥物。

★感冒藥無效時該怎麼辦？

感冒藥雖然含有各種成分，但是不管哪一種成分，都只有平均的量而已。

例如發高燒的人，由於解熱劑的量不夠，其他的成分太多，所以沒有用。

同樣的，對於咳嗽或鼻塞嚴重的人而言也是如此。

可是不能隨意增加藥量，因為這樣會對身體造成傷害。

所以，按照不同的症狀服用解熱劑或是止咳藥更有效。

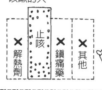

綜合感冒藥…治療普通的感冒

解熱劑…適合發高燒的人

止咳藥…適合劇烈咳嗽的人

依症狀的不同，分別服用藥物比較好

⑧症狀別的看護

【症狀別的看護】

扁桃炎與腎炎的關係

★一旦發生扁桃炎時會變成何種情況？

普通的感冒只要靜養，攝取足夠的營養，身體有了抵抗力，通常一週就能痊癒。

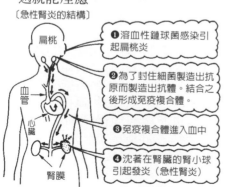

〔急性腎炎的結構〕

扁桃

血管

心臟

腎膜

❶溶血性鏈球菌感染引起扁桃炎

❷為了封住細菌製造出抗原而製造出抗體。結合之後形成免疫複合體。

❸免疫複合體進入血中

❹沈著在腎臟的腎小球引起發炎（急性腎炎）

但是如果感染了溶血性鏈球菌等細菌，而引起扁桃炎時，為了封住細菌產生的毒素（抗原），在體內的白血球就會製造出抗體來（免疫反應）。

抗原與抗體結合者稱為免疫複合體。

★形成免疫複合體時會造成何種情況？

免疫複合體會隨著血液循環送到腎臟，沈著在腎臟內的腎小球裡而引起發炎（急性腎炎）。

感冒出現扁桃炎之後，大多會引起急性腎炎，所以要進行尿液檢查，早期發現。

【症狀別的看護】 感冒之後要不要冰敷？

★用冰敷能退燒嗎？

感冒發燒時用冰袋冰敷，或者

冰袋

雖然具有降溫效果但是不能退燒

是睡冰枕的例子很多。

但是發燒的構造非常複雜，光是用冰敷不見得能夠退燒。

要退燒一定要提高身體的抵抗力，不讓疾病接近才行。

★什麼時候要冰敷呢？

想要暫時緩和熱度，或是讓患者感覺到舒服的話，可以使用冰敷。

【症狀別的看護】 受涼是感冒的原因嗎？

根據某一學者的實驗，在沒有感冒病毒侵襲的狀態之下，即使身體受涼也不會感冒。

相反的，如果溫暖舒適的情況之下，感冒病毒就會出現而導致發病。

所以受涼不見得就會感冒。

不過因為受涼而抵抗力減弱的原因，可能使得病毒侵入體內而使得發病。

❽
症狀別的看護

【症狀別的看護】 對於感冒有效的食物是什麼？

使身體溫熱的食物

烏龍麵　梅乾湯

火鍋　蛋酒　薑湯

少量攝取也有營養的食物

可可　乳酪　奶油

維他命B1較多的食物

豬肉　海苔　豆類　牛乳

感冒時最重要的就是要注意營養，好好休養並創造體力。

因此粥、火鍋、烏龍麵等熱的食物等要多加攝取。

此外，蛋酒或者是薑湯、梅乾湯【注】等都具有使身體溫暖的效果。

乳酪或是奶油等少量攝取也很有營養，可以在沒有食慾的時候攝取。

豬肉和豆類含有豐富的維他命B1，對於感冒也有效。

【注】將梅乾放入滾水或茶中，果實碾碎後再喝。

【症狀別的看護】 噁心或嘔吐的原因

▶ 嘔吐的構造

	嘔吐的原因
生理的嘔吐	・吃得過多、喝得過多 ・懷孕造成的孕吐 ・宿醉…壓力 ・看到不愉快的東西 ・聞到不愉快的東西時
病態的嘔吐	・胃腸疾病 ・肝臟疾病 ・腦的疾病 ・綠內障（青光眼） ・尿毒症 ・梅尼埃爾病（耳性眩暈病） ・食品或藥品的中毒 ・荷爾蒙的異常 ・缺乏維他命

幾天內就會減輕的感冒性胃腸炎，不用擔心。

嘔吐中樞

刺激

嘔吐

暴飲、暴食或壓力、疾病等

感到噁心或嘔吐是因為某種原因，使得腦延髓中的嘔吐中樞受到刺激而造成的。

例如暴飲暴食，或是攝取藥物及腐爛的食物，刺激胃黏膜時，這個刺激就會傳達到嘔吐中樞而引起嘔吐。換言之，就是身體要將有害物質排出體外的防衛本能。

此外，消化器官疾病當中，有一些刺激到胃或者是因為腦的疾病也會直接刺激到嘔吐中樞。而荷爾蒙或維他命失調時也會引起噁心或嘔吐。

【症狀別的看護】 噁心或嘔吐的處理法

一旦引起噁心嘔吐時...

遠離會引起噁心感的東西（污物、氣味、難聞的花等）。

漱口　　絕食　　服用鎮定劑

臉側向一邊　安靜休息　冰袋

用紗布包著

如果無法用藥物制止時可以服用【注】。

冰袋不要直接接觸肌膚

噁心是為了想要排除對於身體有害的物質，而產生的一種身體防衛本能反應。在患者有意識的時候，不要勉強止吐。

嘔吐之後用冰水漱口，或者是絕食使胃休息、用冰袋冰敷胃周圍並保持安靜休息（這時臉要朝向側面，免得再嘔吐的時候會阻塞氣管）。

意識昏迷的時候可以用手指等掏出嘔吐物，讓患者側躺。

如果做了以上這些處理，而噁心的感覺持續好幾天仍無法消退的話，則必須接受醫師的診察。

【注】無法服用藥物的噁心、嘔吐狀態，可將止吐藥從肛門插入。

【症狀別的看護】

由頭部障礙所引起的頭痛

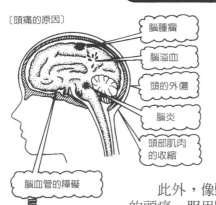

〔頭痛的原因〕

- 腦腫瘤
- 腦溢血
- 頭的外傷
- 腦炎
- 頭部肌肉的收縮
- 腦血管的障礙

偏頭痛的原因

有古典型偏頭痛與普通型偏頭痛之分【注】。

頭痛原因有很多種，首先要指出的就是頭部本身的障礙。

包括腦腫瘤、腦溢血等**腦本身的損傷**，或是腦血管的障礙、**頭部的外傷**等等，通常會突然產生劇痛、出現噁心感，伴隨意識昏迷的症狀。最初也許不是很嚴重的頭痛，但是症狀會逐漸增強。總之，出現劇烈頭痛時就要趕緊接受醫師的診斷和處置，否則會危及生命。

此外，像**頭或脖子、肌肉的收縮（緊張）**引起的頭痛，服用醫師所開的鎮痛劑也非常有效。

【參考】頭單側疼痛的**偏頭痛**，可能是因為腦血管的障礙。通常接受醫師的診斷，服藥就能緩和症狀。

【注】古典型偏頭痛在頭痛前會有發麻和脫力感。普通型的話就沒有這些現象。

❽ 症狀別的看護

【症狀別的看護】

頭部以外的障礙所造成的頭痛

〔其他疾病造成的頭痛〕

- 頭痛
- 眼
- 鼻
- 齒
- 臉
- 耳
- 喉嚨
- 頸部、肩膀
- 壓力過多、疲勞、憂鬱病
- 尿毒症
- 腎臟

頭痛有各種的原因。

除了上文所列舉頭部的障礙之外，如果疼痛的是頭以外的部位，這個疼痛部位的障礙也可能成為頭痛的原因。疼痛的部位和頭痛原因的疾病列舉如下。

★**眼睛痛**…眼睛疲勞、青光眼、眼鏡度數不對 ★**鼻子痛**…慢性副鼻腔炎（鼻蓄膿症）★**牙痛**…蛀牙 ★**耳痛**…急性中耳炎 ★**臉痛**…三叉神經痛、帶狀疱疹 ★**喉嚨痛**…急性咽喉炎、急性扁桃炎 ★**頸部、肩膀疼痛**…頸肩臂症候群、頸部變形脊椎症。

此外，還包括壓力或過度疲勞、憂鬱病等心因性，以及感冒等感染症或尿毒症也是原因。

【參考】快速吃冰冷的東西時會造成的額部疼痛，是因為口腔的寒冷刺激傳達到三叉神經所造成的。

▶快速吃冰冷的東西時

疼痛

寒冷刺激傳達過來

冰點

三叉神經

【症狀別的看護】　不同狀況下的頭痛

	頭痛的條件	原因	各種處理法
時間	早晨（上午）	高血壓、宿醉、癲癇、肺氣腫、憂鬱狀態	迅速接受醫師的診察，找出頭痛原因的疾病並努力治療。
	傍晚（下午稍晚的時候）	眼睛疲勞、肌肉緊張性頭痛	進行眼睛或肩膀的按摩及保持靜養。
	季節的交替	群發性頭痛	原因是過度疲勞或壓力，須接受醫師的診察。
場所	冷氣房	就是所謂的「冷氣病」	注意不要太涼，有時要接觸外氣。
	封閉的房間	缺氧狀態	要開窗與換氣扇，注意換氣。
	汽車或巴士中	暈車	下車或者是朝與行進的相反方向坐、保持安靜。
狀態	夜生活		按照自然的規律，白天活動晚上休息。
	運動不足的生活	這些並不是疾病，只要改善生活就可以解決問題。	將散步和輕微的運動納入日常生活中。
	緊繃的衣服		穿寬鬆的服裝促進血液循環。

❽ 症狀別的看護

【症狀別的看護】　頭痛的處理

〔依頭痛原因的不同而須採取的體位〕

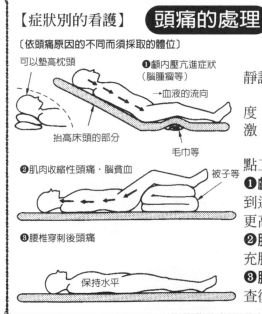

可以墊高枕頭
❶顱內壓亢進症狀（腦腫瘤等）
→血液的流向
抬高床頭的部分
毛巾等

❷肌肉收縮性頭痛‧腦貧血
被子等

❸腰椎穿刺後頭痛
保持水平

　　引起頭痛時，一般而言必須要安靜調整平靜的氣氛。

　　因此，要多注意房間的換氣或濕度，避免臭氣或噪音、照明等的刺激。

　　依原因的不同，在體位上也要下點工夫。

❶**顱內壓亢進狀態**…由於過多的血液到達腦所造成，因此要把頭抬到比腳更高的高度。

❷**肌肉收縮性頭痛‧腦貧血**…為了補充腦的血液不足，要將頭部放低。

❸**腰椎穿刺後頭痛**…進行腰椎穿刺檢查後引起的頭痛，拿掉枕頭較有效。

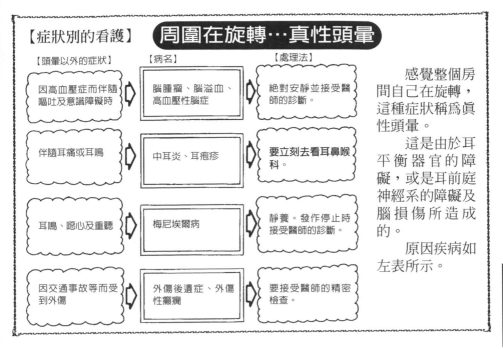

【症狀別的看護】 **周圍在旋轉⋯真性頭暈**

【頭暈以外的症狀】　　　　【病名】　　　　　　　【處理法】

| 因高血壓症而伴隨嘔吐及意識障礙時 | ⇨ | 腦腫瘤、腦溢血、高血壓性腦症 | ⇨ | 絕對安靜並接受醫師的診斷。 |

| 伴隨耳痛或耳鳴 | ⇨ | 中耳炎、耳疱疹 | ⇨ | **要立刻去看耳鼻喉科。** |

| 耳鳴、噁心及重聽 | ⇨ | 梅尼埃爾病 | ⇨ | 靜養。發作停止時接受醫師的診斷。 |

| 因交通事故等而受到外傷 | ⇨ | 外傷後遺症、外傷性癲癇 | ⇨ | 要接受醫師的精密檢查。 |

感覺整個房間自己在旋轉，這種症狀稱為真性頭暈。

這是由於耳平衡器官的障礙，或是耳前庭神經系的障礙及腦損傷所造成的。

原因疾病如左表所示。

❽
症狀別的看護

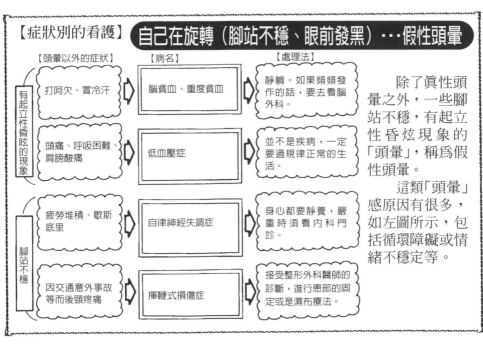

【症狀別的看護】 **自己在旋轉（腳站不穩、眼前發黑）⋯假性頭暈**

【頭暈以外的症狀】　　　　【病名】　　　　　　　【處理法】

有起立性昏眩的現象

| 打呵欠、冒冷汗 | ⇨ | 腦貧血、重度貧血 | ⇨ | 靜躺。如果頻頻發作的話，要去看腦外科。 |

| 頭痛、呼吸困難、肩膀酸痛 | ⇨ | 低血壓症 | ⇨ | 並不是疾病，一定要過規律正常的生活。 |

腳站不穩

| 疲勞堆積、歇斯底里 | ⇨ | 自律神經失調症 | ⇨ | 身心都要靜養，嚴重時須看內科門診。 |

| 因交通意外事故等而後頸疼痛 | ⇨ | 揮鞭式損傷症 | ⇨ | 接受整形外科醫師的診斷，進行患部的固定或是濕布療法。 |

除了真性頭暈之外，一些腳站不穩，有起立性昏炫現象的「頭暈」，稱為假性頭暈。

這類「頭暈」感原因有很多，如左圖所示，包括循環障礙或情緒不穩定等。

【症狀別的看護】 ## 其他的假性頭暈

▶「頭暈感」的原因

眼睛疲勞

鼻子疾病

牙齒疾病

心臟

心臟疾病

胰臟

糖尿病

腎臟疾病

腎臟

此外，更年期障礙或是身心症也是原因。

感覺自己周圍在旋轉，身體浮沈似的稱為真性頭暈。

假性頭暈就是覺得腳站不穩、心悸、有不穩定之感。

這類的頭暈感（＝假性頭暈）是由於腦血流的障礙，或是自律神經失調而造成的。此外還有各種原因。

例如，因為從事事務性工作，導致過度疲勞、眼睛疲勞等就是最好的例子。此外，鼻子或牙齒的疾病也會成為頭暈的原因。

另外，心臟或腎臟疾病導致的循環障礙，或者是糖尿病、更年期障礙等荷爾蒙的異常、身心症等精神的壓力也是原因。

8 症狀別的看護

【症狀別的看護】 ## 頭暈發作的處理

❶在戶外

蹲下來

發作停止之後可以喝茶等。

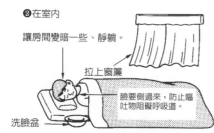

❷在室內

讓房間變暗一些、靜躺。

拉上窗簾

臉要側過來，防止嘔吐物阻礙呼吸道。

洗臉盆

出現頭暈發作時，如果是真性頭暈的話，要讓他知道並不是屋子在旋轉，讓他安心很重要。

如果是在戶外的話，扶住身邊的東西蹲下來。

這時閉上眼睛很有效。

在室內的話，可以拉上窗簾，讓他躺下。

嘔吐時要將臉側過來，並在枕邊準備好洗臉盆或毛巾等。

停止發作之後要立刻接受醫師的診察。若是假性頭暈的話，只是暫時性的發作，不用擔心。

【參考】在洗臉盆鋪上衛生紙，除了可以防止嘔吐物濺出，事後處理也比較輕鬆。

疲勞（倦怠）是如何發生的？

【症狀別的看護】

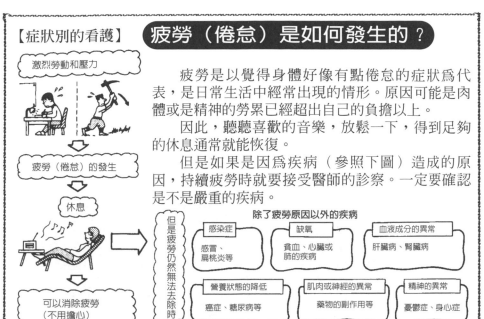

疲勞是以覺得身體好像有點倦怠的症狀為代表，是日常生活中經常出現的情形。原因可能是肉體或是精神的勞累已經超出自己的負擔以上。

因此，聽聽喜歡的音樂，放鬆一下，得到足夠的休息通常就能恢復。

但是如果是因為疾病（參照下圖）造成的原因，持續疲勞時就要接受醫師的診察。一定要確認是不是嚴重的疾病。

除了疲勞原因以外的疾病

感染症	缺氧	血液成分的異常
感冒、扁桃炎等	貧血、心臟或肺的疾病	肝臟病、腎臟病

營養狀態的降低	肌肉或神經的異常	精神的異常
癌症、糖尿病等	藥物的副作用等	憂鬱症、身心症

除了疲勞以外的其他症狀

【症狀別的看護】

疲勞以外的症狀	可以想像的疾病
發燒	扁桃炎等感染症
咳嗽有痰	感冒等呼吸器官疾病
糞便中摻雜血液	胃腸病、痔瘡
臉色發白	貧血
臉或眼白變黃	黃疸（肝臟、膽囊疾病）
頻尿感、殘尿感	腎臟的疾病
浮腫	心臟、腎、肝臟的疾病
體重減輕	糖尿病、癌症等
失眠症或意欲低落	身心症或憂鬱症等

相信大家都有疲勞或倦怠等症狀的經驗。所以除了單純的「疲勞」之外，還要注意到其他的症狀是否一併出現。

例如，如果有發燒的話，可能是細菌或病毒造成的感染症。如果有咳嗽和痰的現象，可能是呼吸器官的毛病。

此外，如左圖表所示，症狀出現時就要注意，趕緊接受醫師的診斷，接受適當的治療，以免後悔莫及。例如癌症等重大疾病，在最初就會出現身體倦怠的症狀。

❽ 症狀別的看護

【症狀別的看護】　浮　腫

▶何謂浮腫

用手指按壓皮膚

立刻恢復原狀…肥胖等

無法恢復原狀…浮腫

人的身體有一半以上都是由水分所構成的。水分的平衡是藉著腎臟和荷爾蒙的功能而保持穩定。

但是因為某種理由水分攝取過多時，細胞之間積存了太多水分就會造成浮腫。

浮腫是用手指按壓時，皮膚無法恢復原狀為其主要特徵。長期坐著、腳的靜脈瘀血，或老人等組織壓較低的人，腳較易浮腫。

像這種情況下，有時候揉揉腳、活動一下腳就能產生預防的效果【注】。

年輕人　組織壓較高，就算有一些瘀血也沒有可以進去的空隙。

老人　組織壓較低，細胞之間容易積存水分（浮腫的發生）。

組織放大圖　　靜脈

⑧ 症狀別的看護

【注】坐的時候，墊高腳也具有預防的效果。

【症狀別的看護】　腎臟病和心臟病造成的浮腫

❶〔腎性浮腫〕

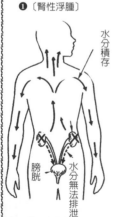

水分積存

膀胱　水分無法排泄

腎臟排泄鹽分的功能不良時，水分就會在體內積存，成為浮腫的原因。

❷〔心臟性浮腫〕

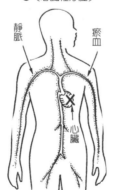

靜脈　瘀血

心臟

因為心不全等，血液無法順利流入心臟，產生瘀血而發生浮腫。

浮腫的原因，腎臟病和心臟病為其代表。

❶腎性浮腫…腎臟具有製造尿液的作用，與調節體內水分的重要功能。

腎臟發炎，水分無法從腎臟排泄掉時，就會造成水分積存，形成浮腫。

通常浮腫因為重力的關係，大多是下半身容易產生。如果是腎性浮腫的話，則容易發生在上半身。這也是一大特徵。

❷心臟性的浮腫…心臟發生毛病時，體內血液無法順暢循環，因此靜脈的系統產生瘀血，出現全身浮腫（瘀血性心不全）。

【症狀別的看護】 其他浮腫的原因

月經前 …… 月經前一週會出現浮腫,是因為女性荷爾蒙的作用所造成的。幾乎在月經來了之後就會消失。

懷孕時 …… 暫時性的妊娠浮腫,大多在傍晚產生,隔天就會消退,所以不用擔心。但是如果浮腫無法去除的話,就可能是妊娠中毒症。

肝臟疾病 …… 肝臟對於在體內循環的血液量調節機能不良時,就會產生浮腫,也容易有腹水積存。

營養障礙 …… 由於缺乏維他命,造成腳氣或貧血的原因,也會產生浮腫。此外,低蛋白症也會引起浮腫。

荷爾蒙異常 …… 最具代表性的就是甲狀腺機能的降低所引起的黏液水腫【注】。這時,持續內服甲狀腺荷爾蒙就不會妨礙日常生活。

發炎或損傷 …… 體內防禦機能發揮作用,使得白血球等體液大量送入發炎或損傷處而引起浮腫。

淋巴異常 …… 由於淋巴液循環不良,組織細胞之間容易積存淋巴液而引起浮腫。

靜脈異常 …… 發炎或靜脈瘤等,使得靜脈壓亢進,成為浮腫的原因。

8 症狀別的看護

【注】這時用手指按壓,大多也無法恢復原狀。

【症狀別的看護】 浮腫的處理

體位的工夫

下肢浮腫時

心臟負擔較大時

可墊高枕頭

減鹽食…可以使用香氣或酸味等。

與其使用醬油,不如使用檸檬等。

芝麻等

烤魚　　燙青菜

　　引起浮腫時,最重要的就是靜躺,其次要注意保溫。而末梢血液循環的順暢也很重要。

　　體位的工夫…下肢浮腫時要將腳抬到比心臟更高的高度,減少血液的積存,就能使症狀稍微減輕。

　　此外,如果心臟的負擔太大,或是有腹水積存時,將上半身稍微抬高感覺較輕鬆。

　　皮膚的保護…一旦浮腫時,皮膚脆弱、容易受傷,一旦形成傷口後要花較長的時間才能痊癒,所以要塗抹乳液保濕,勤於更換體位,以避免形成褥瘡。

　　減鹽食…鹽分中所含的鈉會使水分積存在體內,因此要限制攝取量。

　　減鹽食大多是不太好吃的食物,所以要巧妙的運用藥味和酸味,並在菜單上下工夫。

【症狀別的看護】 ## 臉或身體的顏色異常

身體失調大多看臉色就可以知道。

但是平常有的人皮膚黑白各異，因此需要和平常的臉色互相比較，以客觀的眼光來觀察。

臉發紅	◎在生病時如果發燒，血氣上衝，臉會發紅，全身有熱感。此外，更年期障礙也會出現這種現象。 精神興奮或感覺羞恥時臉也會發紅。這是生理的自然現象，不用擔心。
臉的一部分發紅	◎鼻尖、臉頰、額頭、下巴等呈現紅黑色稱爲酒糟鼻。有心臟病或是有胃腸障礙、便秘症患者、大量飲酒者較多見。此外，中、高年齡層也容易出現。
沒有血氣、臉色蒼白	◎原因大多是高度的貧血。此外，還有外傷、胃‧十二指腸潰瘍和癌症造成出血、痔瘡出血、吐血或喀血等，因爲失去血液而造成。此外，腎炎或寄生蟲症等也可能引起這種症狀。而精神打擊造成的血氣消退是暫時性的。
臉發紫	◎可能是一種青紫病。因爲由肺等疾病引起的呼吸障礙、心臟疾病造成的循環障礙，或是體內缺氧時也會造成這種現象。而其他的疾病嚴重時，也會出現青紫病的現象。嘴唇、臉頰、指甲毛細血管較多處，則很少會出現這種現象。
斑點突然增加	◎肝臟病或是阿狄森病（由副腎荷爾蒙異常所引起的疾病）會突然出現很多的斑點。 隨著年齡增長，自然形成斑點乃生理現象，不用擔心。

（左側標籤）**8 症狀別的看護**

【症狀別的看護】 ## 臉或身體發黃的疾病

因爲肝臟病等膽紅素【注】的排出停滯時，皮膚或黏膜就會發黃（黃疸）。

但是吃了橘子等食物，身體也會發黃。但這時不會像黃疸一樣連眼白都發黃，是一個分辨的方法。

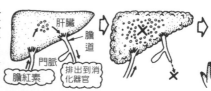

〔健康時〕膽紅素在肝臟被處理掉

〔肝臟或膽道的疾病〕無法處理掉殘留在血中

發生黃疸...身體發黃

肝臟　膽道　門脈　膽紅素　排出到消化器官

連眼白也發黃　指尖也是黃色的

【注】血中紅血球所含的血紅蛋白，結束了運送氧的任務，壽命終結時就會變成膽紅素。

【症狀別的看護】 ## 由臉部的表情就可以看出的疾病（肌肉或神經的異常）

臉單側部分失去緊張…

◎疑似顏面神經麻痺。原因包括腦中風後遺症，或是腦腫瘤、血管障礙、耳的疾病、病毒感染等。
此外，臉長時間暴露在冷空氣中，也會引起這種現象。不過這是暫時的，不用擔心。

臉扭曲、刺痛

◎支配臉知覺的三叉神經的障礙，所引起的三叉神經痛。
年長女性較多見，疼痛的發作持續數秒～數分鐘，原因不明。

口不容易張開、臉抽筋

◎疑似破傷風菌造成的感染。
破傷風是由在土中的破傷風菌，經由傷口等進入體內增殖所造成的原因。
破傷風菌的毒素會侵襲神經，放任不管可能會形成伴隨呼吸困難的嚴重狀態，因此一定要接受醫師的診斷。

臉突然歪斜、拼命眨眼

◎可能是抽搐症。
兒童較多見，且大多是神經性的作用，要儘量讓本人不介意。

❽ 症狀別的看護

【症狀別的看護】 ## 引起顏面神經麻痺的原因

▶ 製造臉部表情的構造

支配顏面肌的顏面神經

顏面肌

單側顏面神經麻痺時…

顏面神經麻痺
兩眼閉上時的臉部表情

麻痺側會被拉向正常側，沒有辦法閉眼。

正常側　麻痺側

另外半邊臉也有同樣的神經通過喔！

笑、哭、生氣的臉部表情，都是由在臉上顏面肌的動作製造出來的。
支配顏面肌動作的就是顏面神經，從耳後一分爲二，與臉左右對稱分布。顏面神經麻痺是以單側出現麻痺爲特徵，麻痺側整體失去了緊張、皺紋消失、沒有辦法閉眼，而且下唇會流口水，吃進嘴巴的食物也容易掉出來【注】。

【注】對於舌頭的活動也會造成影響，因此要小心不要誤吞食物或飲料。此外，要注意眼睛乾燥的問題，使用眼帶等接受醫師的治療。

【症狀別的看護】

因神經的原因而臉部表情改變

臉部沒有表情，好像戴上面具一樣…

…… ◎罹患日本腦炎，或者是得了帕金森氏症就會出現這種現象。

此外，動脈硬化或是一氧化碳中毒、頭部的外傷、腦的發炎等造成的**帕金森氏症候群**，也會出現同樣的表情變化。

臉部表情好像在發呆、缺乏喜怒哀樂…

…… ◎一般來說，**罹患精神疾病**時會出現情感遲鈍麻痺的現象。例如，神經衰弱、憂鬱病、精神分裂病等都會出現表情變化等異常情況。

此外，**腦中風或是髓膜炎、中毒**等，腦的器質性障礙也會出現好像癡呆般的表情。

抽筋、口吐白沫

…… ◎可能是癲癇發作。此外，也會出現短時間失去意識的小發作。

【症狀別的看護】

由臉型的變化了解的異常

臉浮腫

…… ◎**黏液水腫**或者是**腎臟病**所造成的浮腫，容易出現在臉部【注】

此外，副腎荷爾蒙異常所造成的**庫興症候群**，臉變成圓的（月亮臉）也是一大特徵。

下顎附近腫脹

…… ◎唾液腺之一的舌下腺阻塞的**舌下囊腫**。

年輕女性（20歲以下）較多見，雖然並非惡性的，但是有時必須要動外科手術加以去除。

上顎、口舌周圍腫脹

…… ◎因為**蛀牙**或是牙周病等牙科疾病所造成的。蛀牙要去看牙醫並進行治療。

從耳垂上方到下巴附近的臉頰腫脹

…… ◎因為病毒感染而造成，可能是**流行性耳下腺炎**（腮腺炎）。

兩側臉頰都一起腫脹的例子比較少，通常是發生在單側，痊癒之後就具有免疫的作用。

▶ 流行性耳下腺炎（腮腺炎）

腫脹

【注】如果服用可提松就會形成月亮臉。

【症狀別的看護】

水疱的處理

病毒的細菌引起的感染症會造成發燒（參照75頁）也要進行適當的處理。

【病名】　　　　　　【原因・處理】

水痘… 原因是帶狀疱疹病毒或是水痘病毒，是1~4歲的兒童較常見的疾病。注意不要去抓水痘，要塗抹醫師所開的軟膏。

帶狀疱疹… 水痘痊癒之後，病毒潛伏在神經節，等到體力減退的時候就會產生帶狀疱疹，要塗抹軟膏，靜養、恢復體力。

單純疱疹… 原因是單純疱疹病毒所造成的，在外陰部或手指、眼的周圍較容易發生，隨著體力的減退而引起，因此要靜養。發癢的問題可以用軟膏等來處理。

膿疱病… 原因是黃色葡萄球菌。患部要用肥皂清洗乾淨並保持清潔，塗抹醫師所開的軟膏。

這時不會發燒

❽症狀別的看護

【症狀別的看護】

發疹的處理❶（感染症）

因爲感染症造成的發疹，較易發生在小孩身上。

【病名】　【原因・處理】

全身的發疹

麻疹… 原因是麻疹病毒，是非常消耗體力的疾病，因此要靜養、保溫、攝取足夠的營養，儘量不要洗澡，要充分攝取水分。

德國麻疹… 原因是德國麻疹病毒所造成的。症狀不會太過於嚴重，只要靜養就不必擔心了（但是如果在懷孕初期感染的話，可能對胎兒會造成影響）。

川崎病… 原因不明。會出現發燒或淋巴結腫脹的症狀，嚴重時會伴隨新疾病，因此要由醫師來治療。

溶血性鏈球菌感染症… 由溶血性鏈球菌所引起。不光是併發症，還會引起咽頭炎和扁桃炎，要迅速接受醫師的診斷，接受抗生素等的投與。最重要的是要靜養。

猩紅熱也是其中的一種

蘋果病… 也稱爲傳染性紅斑，據說是由小脫氧核糖核酸病毒所引起的。臉頰出現紅斑爲其主要特徵，不須特別的治療，最重要的就是要靜養。

【症狀別的看護】

發疹的處理❷（感染症以外的情況）

【病名】	【原因・處理】
蚊蟲叮咬 ……	被蚊蟲叮咬而引起的發疹，塗抹治療蚊蟲叮咬的藥物或冷敷，症狀就會好轉。
斑疹 ……	因為植物或化妝品、化學纖維等衣物、手錶等刺激而引起。除了要避免成為斑疹原因的物質，患部也要保持清潔。
光線過敏症 ……	日光中的紫外線是主要的原因，因此要藉著戴帽子或穿長袖衣服等避免肌膚的露出。
藥疹 ……	因為藥物的副作用而引起。可以和醫師商量停止藥物的使用或者是更換藥物。
白癬 ……	是由白癬菌所造成的，在腳趾和趾縫、腋下等容易流汗處會形成。這種菌喜歡高溫多濕處，因此患部要保持清潔和良好的通氣性及乾燥。

依形成的部位不同而有不同的稱呼，如果是長在腳下稱為香港腳，如果是其他部位則稱為頑癬。

8 症狀別的看護

【症狀別的看護】

蕁麻疹的處理

〔蕁麻疹〕

蕁麻疹有可能是因為胃腸的障礙，或是身心疲勞所引起。不過大多是對食物的過敏反應。

★ **原因食物**…青魚（鯖魚等）、貝類、牛乳、蛋等。

★ **處理**…要遵從醫師的診斷找出並避免接觸原因。此外，過度疲勞或是過食香辛料等都要避免，要過規律正常的生活和擁有足夠的睡眠。

【症狀別的看護】

疣的處理

★兒童的場合…

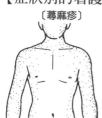

這就是所謂的水疣喔！

像傳染性軟屬腫這種疾病，大多是在游泳池傳染的，因此必須由醫師用小鑷子加以去除。

★大人的場合…

稱為尋常性疣贅，容易在手腳和腳底形成。

醫師用超低溫的方式，燒壞疣的組織的治療法（超低溫療法）較有效。

皮膚的各種作用

【症狀別的看護】

汗腺…排出汗
血管…發散體熱
體溫調節
表皮
內部的保護
保護作用
基底層…防止紫外線
神經…利用疼痛察覺危險。
表皮
汗皮脂
底基層
血管…將營養和荷爾蒙運送到肌膚
皮脂腺…給予肌膚滋潤
美麗
汗腺
毛髮

皮膚覆蓋在身體的表面，但是具有以下的作用。

★**保護作用**…在皮膚表面的表皮，好好的保護內部的細胞。

此外，在基底層所生成的黑色素可以防止紫外線的侵入。

其他像疼痛等知覺，可以讓我們察覺到危險。而免疫作用則可以防止病原體的侵入。

★**調節體溫**…熱的時候發汗，血管擴張，發散體熱。冷的時候則相反的會抑制體熱的發散。

★**美麗**…皮脂分泌良好，藉著血液循環能夠得到營養和荷爾蒙，就能擁有美麗的肌膚。這可以說是美麗的基本。

❽ 症狀別的看護

斑點·雀斑的處理

【症狀別的看護】

陽光中所含的紫外線具有在體內合成維他命D的作用。

但是，如果紫外線刺激到體內的深部，就會引起各種的問題，會在基底層形成黑色素，用以防止紫外線的侵入。

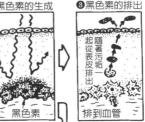

❶紫外線的刺激

❷黑色素的生成

表皮的放大圖　紫外線　基底層　黑色素

❸黑色素的排出

起從表皮排出　隨著污垢一起排出　排到血管

變回美麗的肌膚

而失去作用的黑色素會隨著污垢一起從表皮，或是由血管排出。

但是，因為體質或是過度壓力而導致黑色素的排出停止時，就會形成斑點或雀斑。

並沒有決定性的處理法。儘量避免接觸到紫外線，調整體調、促進新陳代謝等都是很好的辦法。

❹黑色素的蓄積

透過皮膚就可以看到

產生斑點、雀斑

【症狀別的看護】

防止面皰的方法

皮膚的脂腺分泌出來的皮脂，能夠給予皮膚滋潤，使肌膚光滑，製造美麗肌膚。

但是如果皮脂太多的話，會成為面皰的原因，煩惱的根源。

防止面皰的條件

脂肪較多的食物儘量少吃

保持皮膚清潔

規律正常的生活、調整體調。

攝取維他命A，藉著血液循環運送

脂線

立毛筋

運送營養的血管

要防止面皰，首先就是要保持皮膚的清潔。

早晚至少兩次用洗面皂洗臉，也要經常泡澡。

此外，毛髮、髮梢儘量不要碰到肌膚（頭髮要經常修剪等）。

會阻礙毛細孔的化妝品也要儘量少用。

面皰可能因壓力或過度疲勞，在體力減退時容易出現。因此要過規律正常的生活，並有足夠的睡眠。

飲食生活方面不要攝取太多脂肪含量較多的食物，並且要多攝取維他命A。

【症狀別的看護】

面皰的處理

面皰一旦惡化就有可能引起感染而發炎，要盡早排出裡面的膿。

面皰形成之後，首先要將面皰壓出器的尖端刺入面皰（下圖❸）。

其次將面皰壓出器環狀的部分抵住面皰擠出膿，並仔細消毒、塗抹化妝水等。

但是如果已經發炎的話，就要接受醫師的治療。

面皰壓出器

用尖端刺破面皰

擠出膿

灰塵或化妝品　皮脂

脂腺

毛包

❶皮脂如果是污垢時，皮膚會骯髒。

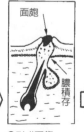

面皰

膿積存

❷形成面皰

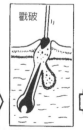

戳破

❸戳破面皰頭

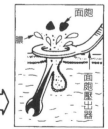

面皰

膿

面皰壓出器

❹擠出面皰中的膿【注】

化妝水

❺塗抹化妝水等加以保護

【注】然後要用酒精棉擦拭消毒。

【症狀別的看護】

保護兒童視力

〔視力的發達〕

年齡	視力
剛出生後	只能了解明亮
初生6個月	約0.05
2歲兒	約0.5
6歲兒	約1.0

★視力是何時形成的？

看東西的能力在進小學之前顯著發達，如果沒有先天性的疾病並正確使用眼睛的話，6歲兒的視力可以達到1.0左右。

★如何促進眼睛能力的發達？

小時候要在戶外明亮的光線之下，讓眼睛接觸各種的東西。從遠到近，只要是孩子感興趣的東西，陸續用眼睛看的話，就能使視神經發達，培養調節眼睛的機能。

一旦出現近視等障礙時，就會阻礙發育。為了預防，不要持續看近的東西，要定期眺望遠方讓眼睛休息。

能知覺到東西的構造

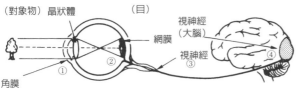

（對象物）晶狀體　　　　　　（目）

視神經（大腦）

網膜

視神經③

④

角膜

①物體映在晶狀體上　②在網膜上結相　③經由視神經　④刺激大腦皮質的視覺而知覺到物體

8 症狀別的看護

【症狀別的看護】

近視、斜視的發現法

〔近視兒童的臉部表情〕

・眼睛瞇起來
・皺眉
・側著頭

★近視的發現法

近視的孩子眼睛會瞇得很細，皺著眉形成獨特的臉部表情。仔細觀察表情就可以發現。

此外，看近物的時候，眼睛還要靠近的孩子也可能是近視了。

★斜視的發現法

將房間弄暗，利用小型手電筒等照眼睛，調查光的反射。

燈光從正面照過去時…

正常的情況…光映在黑眼珠的中央

光線從正面照過去時

斜視的情況…只有一邊的光適應在外側或內側

視力的測定

可以使用朗多爾特環圖形，距離5公尺，看是否能夠識別缺口的方向。

如果都能識別的話…【注】。

1.0　缺口寬度1.5毫米、直徑7.5毫米

0.5　缺口寬度3毫米、直徑15毫米

【注】這個朗多爾特環是實物的大小，距離5公尺處看的時候可以測得大致的視力。

【症狀別的看護】

疼痛部位與內臟疾病的關係

下圖的【】內的部位如果出現發炎等病變時，用斜線圍住的部位會產生疼痛。依疼痛強度的不同而有不同。不過如果是因爲發炎病變造成的疼痛，要迅速接受醫師的診斷與治療。像心臟疼痛等就是很好的例子。

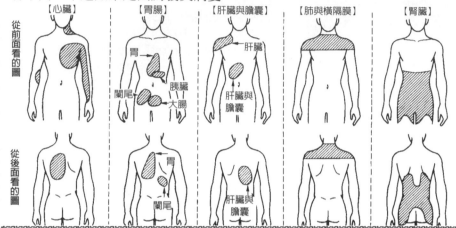

從前面看的圖 【心臟】 【胃腸】 胃 胰臟 闌尾 大腸 【肝臟與膽囊】 肝臟 肝臟與膽囊 【肺與橫隔膜】 【腎臟】

從後面看的圖 胃 闌尾 肝臟與膽囊

⑧ 症狀別的看護

【症狀別的看護】

與病變部不同的部位出現疼痛的原因是什麼？

例如胃炎與胃潰瘍發生時胃周圍會疼痛，所以可以發現到底哪裡不舒服。

但是有些是與病變部完全不同的部位會疼痛。這時就必須注意了。

以肝臟爲例，如果發生肝炎等病變時，不光是肝臟，連橫隔膜都會受到刺激（左圖❶）。

其次，這個刺激會上溯橫隔神經，而傳達到鎖骨神經。

透過鎖骨神經，會使得肩膀也感到疼痛（左圖❷）。

依病變部的不同，隨著神經的分布，在意想不到之處也會產生疼痛（參照上段）。

因此即使處理疼痛的部位也沒有效果，或者是疼痛會頻頻出現，持續的時間較長的話，這時就要接受醫師的診斷。

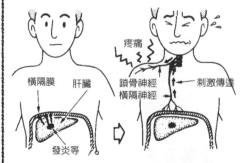

橫隔膜 肝臟 發炎等
疼痛 鎖骨神經 橫隔神經 刺激傳達

❶肝臟如果出現發炎等病變時，會刺激橫隔膜…

❷經過橫隔神經傳達到鎖骨神經，引起肩膀的疼痛。

【症狀別的看護】

何謂蛀牙？

▶ 健康牙齒的構造

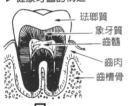

- 琺瑯質
- 象牙質
- 齒髓
- 齒肉
- 齒槽骨

食物殘渣造成
細菌繁殖

蛀牙的發達
（下圖為2度的情形）

★蛀牙產生的構造與分類

殘留在牙齒上的食物殘渣，會造成口中細菌繁殖、並排出強烈的酸。

酸溶解了牙齒的狀態就稱為蛀牙，分類如下。

★1度…被侵襲的只有表面的琺瑯質，因此不會感覺疼痛。

★2度…連象牙質都穿孔。如果吃了冰冷的食物，牙齒會感覺酸痛。

★3度…侵入到齒髓，神經受到刺激而產生劇痛。

★4度…只剩下齒根，大多不會感到疼痛。

★容易形成蛀牙的部位

牙齒的陷凹處、牙齒與齒肉的交接處、牙齒與牙齒之間的齒縫，都是食物殘渣容易殘留、造成蛀牙的部位。

〔容易蛀牙的部位〕

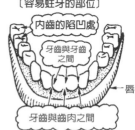

- 內齒的陷凹處
- 牙齒與牙齒之間
- 唇
- 牙齒與齒肉之間

❽
症狀別的看護

【症狀別的看護】

蛀牙的緊急處理

〔牙痛時〕

好痛啊

儘量漱口
咕嚕咕嚕

冰敷

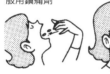

服用鎮痛劑

刷牙

★產生劇痛時該怎麼辦？

一旦牙痛的話，就要趕緊漱口，清除掉留在齒縫間的食物殘渣。

但是不能用冰水漱口，否則反而會增強疼痛，而要用溫水漱口。

然後用冰毛巾冰敷患部，或是服用鎮痛劑靜養。

此外，用牙刷刷疼痛的牙也能緩和疼痛。

★處置之後該怎麼辦？

蛀牙不可能自然痊癒，所以一定要趕緊去看牙醫，由牙醫來處置。

【症狀別的看護】

蛀牙與食物的關係

❶吃了甜食時

❷食物殘渣積存

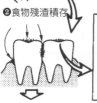

〔食物殘渣之中〕

細菌經由糖類製造出酸

細菌
壞
糖質
酸

❸酸會溶解牙齒…
造成蛀牙的發生。

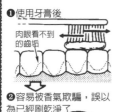

容易形成酸的食物

巧克力、牛奶糖、冰淇淋等甜點

不容易形成酸的食物

蘋果、小黃瓜、高麗菜、青椒、蘇打餅乾等。

★什麼是造成牙齒惡化的食物？

當砂糖等甜甜的食物殘渣殘留在牙齒上時，由於口中的細菌【注】最喜歡吃這種東西，因此會繁殖而排出酸來。

這個酸會溶解牙齒的琺瑯質，形成蛀牙的原因。尤其牛奶糖或巧克力等，黏黏的會殘留在牙齒上，並產生大量的酸。

重要的是吃了甜食之後就要立刻刷牙，不要給予酸形成的機會。

★對牙齒好的食物

蘋果、小黃瓜等糖類較少的食物不容易形成酸，所以不會造成蛀牙。此外，經常咀嚼纖維質的食品，具有清潔牙齒的效果。

【注】主要細菌是米唐斯鏈球菌。

❽
症狀別的看護

【症狀別的看護】

防止蛀牙的刷牙方法

❶使用牙膏後

肉眼看不到的齒垢

❷容易被香氣欺騙，誤以為已經刷乾淨了

好清爽呀

❸將齒垢染色之後來觀察…

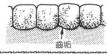

齒垢

★牙膏的功過

最近有很多口味及香氣的牙膏在市面上銷售，使得大家被這些香氣所欺騙，明明沒有刷好牙，卻會產生已經刷乾淨的錯覺。

讓每天早晚刷牙的人，使用連齒垢都能染紅的藥劑染牙齒，結果發現紅色的齒垢依然殘留著。

此外，由於牙膏中所含的牙粉會損害牙齒，所以牙膏最好少量使用。

★什麼時候刷牙最好？

牙齒會因為吃東西而弄髒，所以每餐後、一天刷牙3次最理想。

尤其一天1次花10分鐘的時間，仔細刷牙較好。刷牙方法有橫刷和縱刷以及各種的刷法，可以配合自己喜歡的來進行【注】。

【注】關於刷牙的方法，請參照《了解我們的身體》。

【症狀別的看護】

早期發現蛀牙的方法

❶請身邊的人聞聞看有沒有口臭。

好像有口臭

一旦蛀牙形成時，就會出現特有腐敗的口臭味。

因爲聞不到自己的氣味，所以可以請母親等身邊的人聞聞看。

❷齒垢會發出難聞的氣味。

將牙籤的尖端折斷

蛀牙形成時，齒垢會有難聞的氣味出現。

將牙籤的尖端折斷之後，可以到達牙齒的各個角落，用起來非常方便。

❸利用合鏡觀察牙齒有無斑點

手鏡【注】

刷牙之後，使用大小鏡子當成合鏡，來觀察牙齒是否出現褐色的斑點。

❹可以喝冰水或是熱茶等，檢查牙齒是否酸痛。

好酸痛呀！

雖然蛀牙形成時不痛，但吃了冰冷的東西或甜食時，牙齒就會產生酸痛感。若症狀繼續惡化的話，連吃熱的東西也會出現疼痛感。

【注】市面上有賣牙科醫師所使用的手鏡。此外，也可以使用化妝用的小鏡子。

【症狀別的看護】

強化牙齒的方法

❶懷孕中…攝取營養均衡的飲食

懷孕中的母親營養狀態不佳時，孩子乳齒的琺瑯質較弱，容易出現蛀牙。

總之，攝取鈣質和維他命非常重要。

❷出生後~乳牙長出為止

沒有孩子從出生開始就喜歡吃甜食。

斷奶食味道要淡一些，讓孩子品嘗食物的原味。

斷奶食，要減少食鹽或砂糖的攝取量。

❸換牙直到恆齒長出為止

儘量不要給予甜點或是點心

從蛀牙換成恆齒的成長期，要攝取均衡的飲食。

此外，避免吃點心和甜點，給予比較少的食物。

❹恆齒長出來之後

牙齒的清潔

氟

塗氟

恆齒長好之後，牙齒的清潔非常重要。此外，也可以去看牙科醫師，請醫師塗氟。

【症狀別的看護】　咬合不正

正常的情形

上下齒咬合

上顎前突

下顎前突

★咬合不正的種類

牙齒排列不良，或是下顎形狀不良等的原因，會造成牙齒咬合不正。

下顎形狀不良，會導致1~2顆牙齒生長的位置混亂，或者是犬齒突出，這都是咬合不正。而這也會成為蛀牙或發音不良的原因。

此外，上顎突出的上顎前突，及下顎突出的下顎前突，在咬牙的時候，會造成前齒露出縫隙的開咬症等。

★咬合不正的原因

遺傳或兔唇等畸形，齒數異常等先天性的原因，或者是外傷和吸吮手指等後天性的原因。

【緊閉牙齒的狀態】
正常的情形

開咬症

形成縫隙

原因大多是吸吮手指造成的

---

8 症狀別的看護

【症狀別的看護】　咬合不正的治療法

★症狀輕微時

小孩如果咬合不正不是很嚴重的話，只要注意一下就可以了。

例如上顎前突的情形，只要養成用下齒咬上唇的習慣就能減輕。

相反的，下顎前突的情形用拇指指腹等，將上方前齒內側往外推出也有效。

總之，小孩越小來進行的話，矯正的效果越好。父母一定要仔細注意。

★症狀較嚴重時

要去看牙科醫師。必要的話，要進行齒列矯正的處置。

如果是重症的情況，則必須要動外科手術。

【矯正咬合不正的各種方法】

❶上顎前突時　用下面牙齒咬上唇
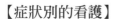

小孩越小的時候來進行的話效果越好

❷下顎前突時　用手指等將上齒往外推出

若是嬰兒的話則由母親來進行較好

【症狀別的看護】

異常口渴的原因…生理的原因

【口渴的原因】 【處理法】

吃太多鹹的食物 ⇨ ◎鹽分食用過多會產生一種口渴的生理現象。
控制鹽分攝取量，適當補充水或茶等水分。

因為劇烈運動而大量流汗 ⇨ ◎大量流汗會使體內水分缺乏而口渴。
多攝取水分、休息就可以解決問題。

【症狀別的看護】

異常口渴的原因…疾病的原因

【口渴的原因】 【處理法】

發燒 ⇨ ◎因為發燒，體內的代謝會提高，和進行劇烈運動一樣，會造成體內水分不足。
靜養、攝取營養和水分就夠了。

下痢和嘔吐時 ⇨ ◎下痢和嘔吐都會使得體內水分大量流失而覺得口渴。嚴重時，還會引起休克狀態，所以要適度補充水分【注】。

糖尿病或尿崩症 ⇨ ◎荷爾蒙平衡異常，使得大量尿液排出體外，即使補充水分也無法抑制口渴。除了要注意水分不可攝取太多，同時也要治療原因疾病。

接受心臟病或腎臟病的治療 ⇨ ◎這些疾病會出現浮腫現象。為了消除浮腫，大多會投與利尿劑，結果導致尿排出過多而水分不足。這時要和醫師商量，並注意水分的攝取量。

其他的情況 ⇨ ◎精神壓力過大會導致口渴。此外，過敏性疾病發生時也會出現口渴現象。

【注】若是老年人或是嬰幼兒的話，必須特別注意。如果不能經口投與的話，可以依賴靜脈注射。

症狀別的看護 ❽

【症狀別的看護】

脖子痛…家庭的處理可以減輕的情形

〔脖子痛的原因〕

早上起床後的疼痛是**落枕**

進行**不習慣的工作**或**重勞動**工作之後

肩膀酸痛時**脖子**也會疼痛

脖子痛或是有沈重感的症狀經常可見。

其中較多的是用勉強的姿勢睡覺，或是因為枕頭太軟而造成的「落枕」。

此外，做重勞動工作後或者是做了與平常不同、不習慣的工作也會引起脖子疼痛。

這些疼痛，是因為圍繞脖子的肌肉或韌帶的一部分受傷或拉長而造成的。

因此，要睡較硬的枕頭靜養，利用濕布或按摩的方式就能夠好轉不用擔心。此外，肩膀酸痛也會引起脖子痛，這時自行護理比較有效。

 利用自行護理大多都能痊癒

❽ 症狀別的看護

【症狀別的看護】

脖子痛…需要醫師處理的情形

（即使進行自行護理也無法好轉的情況）
⇩

感冒或發生扁桃炎後

因為交通意外事故而引起的「揮鞭式損傷症」

頸椎的發炎或突出症、風濕等

神經衰弱、歇斯底里等神經症

脖子痛時首先要靜養，或是利用濕布的方式來處理。但如果這些處理都無效的話，就必須接受醫師的診斷了。

尤其像兒童，因為感冒或扁桃炎之後脖子會疼痛。

因為交通意外事故，使得脖子受到很大的撞擊，脖子受傷，引起「揮鞭式損傷症」，事後會出現手腳發麻等神經症狀，要多注意。此外，頸椎（頸骨）的椎間盤出現發炎症狀引起突出症，或者是風濕時會出現伴隨神經症狀的脖子痛，因此要趕緊接受醫師的診斷。

另外還有心因性的脖子痛，這時就要進行心理治療的處理。

 要馬上接受醫師的診斷喔！

【注】需要緊急處理的疼痛，是因髓膜炎而導致脖子的固定（頸部僵硬）。

【症狀別的看護】

肩膀酸痛

❶頸椎
（頸骨的放大圖）

神經支配處

| 枕部 |
| 枕部 |
| 頸項 |
| 肩 |
| 手肘 |
| 拇指 |
| 中指 |
| 小指 |

❷肩膀周圍的骨骼或神經

神經特別容易
受到壓迫之處

斜角筋

神經

鎖骨

喙突

肌肉

血管

肩膀酸痛是從後頸到肩膀一帶的肌肉有緊繃、苦重感或頓痛感等狀態。

肩膀酸痛是頸椎（頸骨）或是肩膀肌肉的緊張、僵硬，壓迫到神經而造成的。

脖子支撐沈重的頭部，肩吊起上肢（手臂），所以容易形成負擔、耗損，也容易出現像石灰積存的退化性變化。

此外，肩如左圖❷所示，在構造上有三處神經容易受到壓迫，因此容易引起疼痛。

肩膀酸痛是一種老化現象，如果僅止於某種程度是無可奈何之事。不過原因也有可能是不自然的姿勢，或過度疲勞、精神壓力等造成的。

此外，還有變形性頸椎症或者是頸肩臂症候群等，因爲頸部和肩部的異常而引起肩膀酸痛。

還有高血壓症、心肌梗塞等內科的疾病，精神的疾病等等也會引起肩膀酸痛。

❽
症狀別的看護

【症狀別的看護】

在家庭中進行的肩膀酸痛處理法

【安靜】

【溫濕布】

熱毛巾等

【按摩肩膀】

【輕微的運動】

體操

散步

肩膀酸痛處理法中，最重要的是就是要讓肩膀休息，保持身心的安靜。

用溫濕布療法或按摩，放鬆肩膀的肌肉，通常就能減輕症狀。泡個溫水澡也有效。

此外，將輕微的運動納入日常生活當中也能防止肩膀酸痛。

【症狀別的看護】

腱鞘炎

【手的腱與腱鞘】

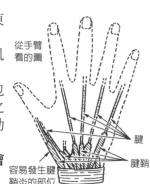

★何謂腱鞘？

手或腳的肌肉邊緣有好像繩子一樣細長的東西與骨相連。

這個像繩子一樣的筋就稱為「腱」。隨著肌肉的動作，拉扯或放鬆骨骼，使動作順暢進行。

肌腱各處都有腱鞘這種好像鞘一樣的東西包圍著。而腱鞘與腱之間有滑液，使腱的動作更為順暢。

★腱鞘發生炎時會出現何種情況？

因為工作關係，反覆做同樣的動作的打字員或是事務員等，腱鞘容易造成負擔，引起發炎，而使得腱的動作不滑順。

這就是腱鞘炎。此外，容易發生在拇指根部，如果要做彎曲或伸直手指的動作比較困難（此外會因為風濕、細菌感染而引起腱鞘炎）。

【腱與腱鞘的切面圖】

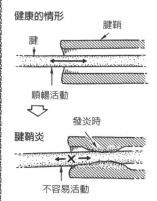

健康的情形

腱鞘

腱

順暢活動

發炎時

腱鞘炎

不容易活動

從手臂看的圖

腱

腱鞘

容易發生腱鞘炎的部位

【症狀別的看護】

腱鞘炎的處理

首先就是不能活動患部並保持靜養。

因為工作關係酷使手指的話，就要適度讓手休息，進行按摩等。

這時，塗抹抑制發炎的藥物，進行按摩更有效。

通常患部靜養大約2~3週就能痊癒。

但如果仍無法痊癒的話，就要接受醫師的診察，將抑制發炎的藥物直接注射到患部。

最近注射副腎皮質荷爾蒙（具有抑制發炎的效果）的例子比較多。

此外，嚴重時可以利用手術切開腱鞘，消除肥厚的部分。

【症狀別的看護】

聲帶息肉

歌手或是老師等酷使聲音的人，容易對聲帶造成負擔。

聲帶是位於喉頭的「縐褶」，由肌肉和韌帶所構成的。

在呼吸時朝外側翻轉，氣息通過。出聲時肌肉會收縮，讓縐褶輕輕地碰在一起。

吐氣時產生細小的震動發出音，到達口腔後而形成聲。

但是持續發出大的聲音，聲帶沒有休息的時間，就會引起血液循環障礙，而形成動脈瘤。這種瘤就稱為**聲帶息肉**。

聲帶息肉的原因還包括發炎和外傷等，非常的複雜。

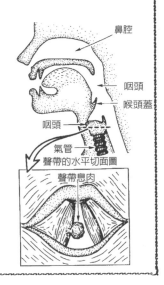

鼻腔
咽頭
喉頭蓋
咽頭
氣管
聲帶的水平切面圖
聲帶息肉

❽
症狀別的看護

【症狀別的看護】

聲帶息肉的預防和處理

一旦形成聲帶息肉時，即使想發出聲音，聲帶也沒有辦法順暢的發出震動，而形成嘶啞的聲音。

尤其小孩拼命的玩，發出大聲而形成息肉，聲音會變得嘶啞。

這時要讓喉嚨休息，自然就能痊癒。

此外，在唱卡拉OK時，大聲並持續唱了好幾首歌時，也會出現聲帶息肉。

這時，如果一併攝取大量的菸和酒，喉嚨乾燥的話就會使得息肉更為嚴重。

息肉嚴重時，氣管阻塞，會引起呼吸困難。即使讓喉嚨休息也無法痊癒的話，就要去看耳鼻喉科。

如果出現小的息肉，在醫師的指導之下矯正發音的方式，儘量努力不要發出聲音來，如此就能夠減輕症狀。

但是大的息肉或是癌的息肉，就必須在顯微鏡下一邊觀察息肉，一邊切除。這種顯微鏡下的手術經常進行。

【症狀別的看護】

何謂五十肩

肩膀周圍的情況

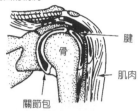

腱

骨

肌肉

關節包

　　肩膀的周圍由肌肉和關節包、肌腱等圍繞，使肩膀活動順暢。

　　但是肩膀要承受上肢（手臂）的力量，因此容易緊張，血液循環不順暢。

　　尤其40、50歲時會老化，活動肩膀時會疼痛，容易出現五十肩的情況【注】。

【注】關於五十肩，請看本出版社發行的《了解我們的身體——疾病篇》。

【症狀別的看護】

五十肩的處理

⑧ 症狀別的看護

去除疼痛的方法

冰敷　　　　　泡溫水澡

用冰袋或冷濕布冰敷　　　稍微揉捏一下

疼痛去除之後→做運動

❶徒手體操　❷棒體操

❸繩子體操　❹使用牆壁的體操

繩著繩子　用健康的手拉扯　扶住牆壁移動

❺在浴缸或游泳池中活動（水中體操）

藉著浮力能夠輕鬆的活動

★去除五十肩疼痛的方法

　　五十肩的治療首先要鎮靜，可以用冰袋或是冷濕布冰敷患部。

　　然後慢慢泡個40度左右的溫水澡，促進血液循環，去除肌肉的僵硬。

　　這時，摩擦或揉捏患部也有效。

★去除疼痛之後該怎麼做？

　　疼痛抑制到某種程度之後，要進行肩膀運動。

　　如果五十肩放任不管的話，肌肉和肌腱等會黏連，嚴重時肩膀甚至無法動彈。

★對五十肩有效的運動

　　❶**徒手體操**…為了避免對肩造成負擔，要放鬆肩膀的力量，好像在行最敬禮似的，手臂朝前後、左右進行擺盪運動。

　　❷**棒體操**…雙手拿著棒子，在頭上左右擺動。

　　❸**繩子體操**…將繩子掛在肩部的鉤上，用健康的手拉扯，讓患部側的手臂抬起、放下。

　　❹**使用牆壁**…手指扶住牆壁，將手臂上抬。

　　❺**水中體操**…在水中做手臂抬起、放下的運動。

【症狀別的看護】 肌肉拉傷

★肌肉拉傷的原因

肌肉與肌腱等肌肉組織引起損傷或斷裂時稱爲肌肉拉傷（筋斷裂）。容易出現在大腿和小腿肚。

肌肉拉傷是突然對肌肉加諸壓力時容易發生。尤其是運動不足、老化或是疾病等，肌肉衰退時更容易發生。

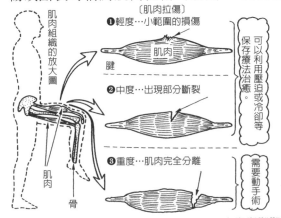

〔肌肉拉傷〕

❶輕度…小範圍的損傷

肌肉

腱

❷中度…出現部分斷裂

可以利用壓迫或冷卻等保存療法治癒。

❸重度…肌肉完全分離

需要動手術

肌肉組織的放大圖

肌肉

骨

★肌肉拉傷的輕重

❶**輕度**…肌肉組織的損傷僅止於小範圍。

❷**中度**…損傷比輕度更大，有部分斷裂的現象。

❸**重度**…肌肉組織完全斷裂（筋斷裂）。

❶、❷的情況可以使用保存療法（參照下段）來治療，而❸則必須動手術。

❸ 症狀別的看護

【症狀別的看護】 肌肉拉傷的保存療法

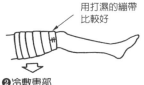

❶患部用繃帶壓迫固定

用打濕的繃帶比較好

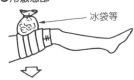

❷冷敷患部

冰袋等

❸患部抬到比心臟更高的位置

讓血液或體液流入心臟

心臟

肌肉拉傷首先要去除患部的腫脹。

因此…

❶**壓迫**…用繃帶裹住患部壓迫，避免隨意亂動，要保持靜養。

❷**冷卻**…冷敷患部就可以防止淋巴液等體液的積存或者是內出血，也能夠去除腫脹。

在打濕的繃帶上用冰敷也有效。或是貼上冷濕布，再裹上繃帶也無妨。

❸**將患部抬到比心臟更高的位置**…一旦血液或體液等流到患部時，患部容易腫大。因此要抬高患部，藉重力的作用讓血液和體液流向心臟。

這種處置稱爲保存療法，可以治療輕微的肌肉拉傷（如果無效的話就要接受醫師的診斷）。

【肌肉拉傷對策❶】 大腿前面的體操

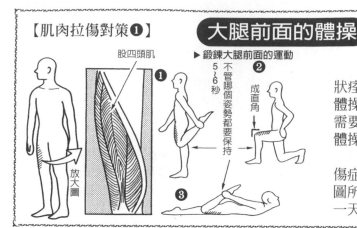

股四頭肌

▶ 鍛鍊大腿前面的運動

不管哪個姿勢都要保持5～6秒

成直角

放大圖

　　等到肌肉拉傷的症狀痊癒之後，就必須做體操，鍛鍊肌肉。首先需要做預防肌肉拉傷的體操。

　　大腿前面的肌肉拉傷症狀消除之後，如左圖所示的體操左、右腳一天各做10次。

【肌肉拉傷對策❷】 大腿後面的體操

股二頭肌

▶ 鍛鍊大腿後面的運動

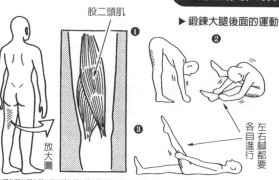

左右腳都要各自進行

放大圖

　　大腿後面的肌肉拉傷症狀消除時，要做左圖的體操。

　　這些運動一旦彎曲膝蓋做的時候就沒有效果，所以一定要注意。

　　❶、❷、❸每天各進行10次

【肌肉拉傷對策❸】 大腿內側的體操

內收肌

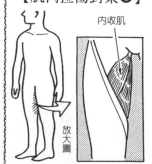

▶ 鍛鍊大腿內側的運動

兩腳腳底相對

放下

放大圖

　　大腿內側也是容易引起肌肉拉傷的部位。

　　❶是伸直腳並保持挺直，慢慢做抬起、放下的動作。❷則是慢慢的讓兩膝能夠放下碰到地面。

　　❶、❷每天各做10次

【參考】這些體操絕對不要勉強做，感到疼痛時就要停止（參照次頁）。

❽症狀別的看護

【肌肉拉傷對策❹】　小腿肚的體操

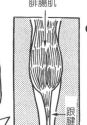

腓腸肌

腳底貼於地面

跟腱

放大圖

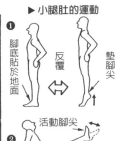

▶ 小腿肚的運動

❶

反覆

墊腳尖

⇄

活動腳尖

❷

小腿肚的肌肉也容易引起肌肉拉傷。

鍛鍊這些肌肉，最適合使用墊腳尖的運動。

如左圖❶所示，慢慢的抬起腳跟，作墊腳尖的動作，一天進行10次。

此外，如右圖❷所示，作屈伸腳尖的運動也有效。

【症狀別的看護】　做體操時的注意要點

肌肉拉傷是突然拉扯肌肉而發生的。

❶在不會感覺疼痛的程度下運動

好痛呀　好痛呀

不良例

❷在水中運用浮力運動

游泳池

在浴缸中

❸每天都要做一點運動

每天早上　或者　每天晚上

尤其平常不做運動的人，更容易出現肌肉拉傷的現象。因此，平常就要做體操鍛鍊肌肉，或者是在運動前做體操也很重要。注意以下幾點。

❶在不會感覺疼痛的程度下進行…肌肉感覺疼痛表示負擔太大，會造成反效果。

減少運動次數後，如果不會再感覺疼痛的話，就可以停止動作，進行調整。

❷使用水中浮力運動…在水中藉著浮力，手臂和腳會感覺比較輕，動作也比較輕鬆。

尤其泡澡使身體溫熱更有效。

❸每天都要做一點體操…即使努力作體操，如果只有3分鐘熱度也沒有用。

盡可能每天早晚，決定好適合自己的時間做一點體操。

跟腱斷裂

【症狀別的看護】

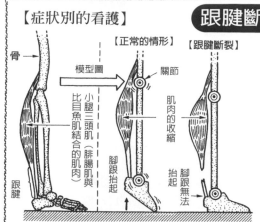

骨→

模型圖

關節

肌肉的收縮

小腿三頭肌比目魚肌結合的肌肉（腓腸肌與

【正常的情形】

【跟腱斷裂】

腳跟抬起

腳跟抬起

抬起

腳跟無法

跟腱

跟腱是小腿肚的肌肉（小腿三頭肌）與腳跟骨相連的腱，隨著肌肉的收縮和放鬆，抬起或放下腳跟。

對於運動不足的人而言，劇烈運動可能使得跟腱斷裂，這種情形稱爲跟腱斷裂。

通常伴隨「噗吱」的斷裂音，然後就沒有辦法墊起腳尖。

跟腱斷裂的處理

【症狀別的看護】

▶ 跟腱斷裂的緊急處理⋯用繃帶或圍巾等將支架固定於下肢。

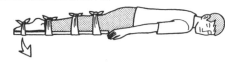

〔伸直腳尖加以固定的理由〕
▶ 腳尖伸直的狀態

模型圖

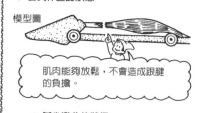

肌肉能夠放鬆，不會造成跟腱的負擔。

▶ 腳尖彎曲的狀態

模型圖

跟腱從斷裂處出現肌肉拉傷的現象

★ 跟腱斷裂的緊急處理

跟腱斷裂時，必須先趴著讓腳尖伸直。

這樣的話就能放鬆小腿肚的肌肉，不會增加跟腱的負擔。

然後利用支架等，從大腿到腳趾都要以左圖的方式加以固定，迅速與醫師聯絡。

支架也可以用捲起的報紙或是傘等身邊的東西代替。

★ 鍛鍊跟腱的方法

接受醫師的處理，恢復到某種程度之後，就要進行下圖的體操鍛鍊跟腱。

這時在不會感覺疼痛的情況之下，慢慢的做運動。這點非常重要【注】。

【鍛鍊腳跟的體操】

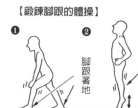

❶

❷

腳跟著地

反覆作墊腳尖動作

【注】這些體操可以預防跟腱斷裂。

扭 傷

【症狀別的看護】

屈成關節…只能朝一個方向活動，因此容易扭傷。

〈例如手肘的關節〉

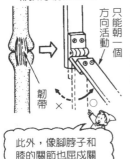

方向活動 只能朝一個

韌帶 × ○

此外，像腳脖子和膝的關節也屈成關節，所以也容易扭傷。

★扭傷的損傷程度分類

扭傷依韌帶損傷的輕重，而分為❶輕度（些許的損傷）❷中度（部分斷裂）❸重度（完全斷裂）。此外，❶、❷可以使用保存療法（參照下段），但是❸則要接受醫師的診察。

★容易引起扭傷的部位

扭傷是圍繞關節的韌帶或關節包等引起損傷。但是關節骨的位置並沒有挪移的狀態。

（關節骨挪移稱為脫臼，請參照次頁。）

關節像肩關節等，有能夠朝向任何方向活動的球窩關節；以及像手肘或膝等，只能朝向一個方向活動的屈成關節。其中容易扭傷的則是屈成關節。

屈成關節在膝和手肘、手指、腳脖子也有。這些都是容易扭傷的部位。

扭傷的損傷程度（手肘例）

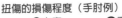

❶輕度…韌帶只有些許的損傷

輕微疼痛

骨

❷中度斷裂或部分斷裂

強烈疼痛

韌帶

❸重度…韌帶完全斷裂

劇痛

使用保存療法（參照下段）

立刻去看醫生

❸ 症狀別的看護

扭傷的保存療法

【症狀別的看護】

扭傷的處理（腳脖子例）

❶固定‧靜養

繃帶或三角巾

用紗布等加以固定　冰袋等

❷冷靜

患部要抬到比心臟更高的位置

扭傷當中，如果韌帶沒有完全斷裂的話，可以採用以下的保存療法。

❶固定‧靜養…用繃帶等固定患部，避免隨意活動並保持靜養。

❷冷卻…為了消除腫脹，可以利用冰袋等冰敷。這時患部要抬到比心臟更高的位置，免得血液等積存在患部。

通常經過幾週就能痊癒。但如果無法痊癒的話，就要接受醫師的診斷。

❸濕布…能夠吸收疼痛和熱感，所以可以使用濕布，將貼布直接貼於患部。

【症狀別的看護】

脫　臼

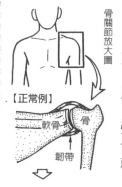

骨關節放大圖

【正常例】

軟骨　骨

韌帶

【脫臼】

骨位置挪移

韌帶的損傷

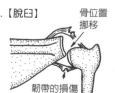

★脫臼的原因

骨與骨相連處稱為關節。像肩膀或是下顎、手臂等充分活動處的關節，是由韌帶等將骨緊緊的包住。

韌帶具有防止關節朝反方向彎曲，或者是脫落的作用。

但如果遭受外界強大力量，勉強活動關節時，就會導致韌帶損傷。而關節骨的位置就會挪移。這就是脫臼。

★容易脫臼的部位

脫臼在有關節的地方較容易發生，尤其是肩膀、手肘、手指等（參照右圖）。此外，還有一種先天性脫臼，大多發生在股關節。

【容易脫臼的部位】

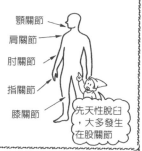

顎關節
肩關節
肘關節
指關節
膝關節

先天性脫臼，大多發生在股關節

8 症狀別的看護

【症狀別的看護】

脫臼的處理

【脫臼的緊急處理】

▶下顎脫臼

綁起來

繃帶、圍巾等

繞一圈繃帶同樣的綁起來

▶肩和手肘的脫臼

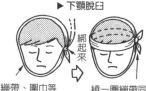

繃袋等

（不要使用支架）

將手臂固定於腋下

▶手指的脫臼

繃帶等

★脫臼的情況

一旦脫臼時，周圍的韌帶和神經等受到損傷，因此會產生劇痛。

但如果忍耐疼痛，勉強將其恢復原狀時，又可能會損傷神經。所以要利用繃帶、圍巾或三角巾等固定患部（參照左圖）。

然後迅速和醫師聯絡，聽從醫師的指示。

★脫臼之後必須注意的事項

脫臼如果不好好治療的話，容易變成習慣性脫臼，可能輕易的就會脫臼了。

首先要請醫師整復（讓骨的位置恢復原狀），大約一個月左右不能活動患部。

【參考】脫臼的症狀如果抑制到某種程度之後，在醫師的指導之下，要進行活動關節的體操。例如肩脫臼時要活動肩膀，這樣可以提高肌力，同時又有效的防止脫臼的復發。

【症狀別的看護】

小腿肚抽筋的原因與處理

小腿肚抽筋的處理
❶將腳趾往後扳

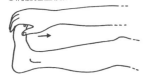

❷用手指按壓腳底心

❸按摩

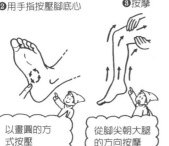

以畫圓的方式按壓

從腳尖朝大腿的方向按摩

★小腿肚抽筋的原因

　　腳疲勞或者是浸泡在冰水中，流到肌肉中的血液循環不良時，就會引起小腿肚抽筋。

　　小腿肚抽筋特別容易發生在小腿肚或是腳底。

★抽筋的處理

　　一旦腳抽筋時首先要將腳趾往後扳。

　　此外，按壓腳底或按摩整個腳也很有效。

　　如果在游泳池抽筋的話，可以將氣息吸滿肺部之後，浮在水面將腳趾往後扳。

▶在水中抽筋時

將腳趾往後扳

踩水時

用力吸氣，增加肺的殘氣量並浮在水面上。

❽ 症狀別的看護

【症狀別的看護】

小腿肚抽筋的預防法

▶小腿肚的肌肉唧筒【注】

❶彎曲腳尖

放大圖

瓣

靜脈

深部靜脈
聯絡的靜脈
表面靜脈

血液的流動

肌肉

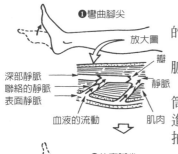

❷伸直腳尖

瓣張開

血液流向心臟的方向

藉著肌肉唧筒的力量，讓血液流向心臟的方向。

★肌肉唧筒與小腿肚抽筋的關係

　❶彎曲腳尖，放鬆小腿肚的肌肉，則聯絡的靜脈瓣會張開，由表面靜脈流入深部靜脈。

　❷其次腳尖伸直，肌肉收縮，壓迫深部靜脈，瓣張開，血液會流往心臟的方向。

　　這就是利用肌肉唧筒，彎曲、伸直腳尖，促進血液循環，防止小腿肚抽筋的方法。

★其他預防法

　　將腳抬高睡覺，或者是穿彈性襪等防止腳的瘀血也有效。

　　此外，泡熱水促進血液循環也是很好的方法。

▶防止小腿肚抽筋的方法

在熱水中按摩　　穿彈性襪

墊高腳睡覺

【注】關於肌肉唧筒，詳情請參照本出版社發行的《了解我們的身體》。

【症狀別的看護】

側彎症

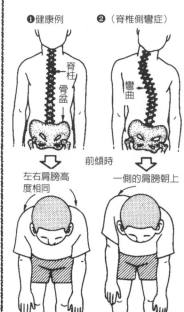

❶健康例　　❷（脊椎側彎症）

脊柱
骨盆

彎曲

前傾時

左右肩膀高
度相同

一側的肩膀朝上

★側彎症的原因

健康人脊柱從前面看的時候，是筆直的與骨盆相連（左圖❶）。

但因爲某種理由，這個脊柱變成如左圖❷的情形，朝向側面彎曲的人則稱爲側彎症。

側彎症包括小兒麻痺症引起的麻痺性，或者是先天性（天生的）側彎症，不過大部分都是特發性，原因不明。

★側彎症的分辨方法

側彎症通常會產生疲勞感，以及輕微的疼痛感。不過大多不會發覺。因此只有往前傾時，發現左右肩膀高度不同才能夠了解。

【參考】除了側彎症之外，還有脊柱朝前方彎曲的前彎症。

〔前彎症〕

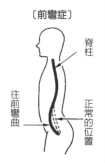

脊柱

往前彎曲

正常的位置

【症狀別的看護】

減輕側彎症的方法

健康例

側彎症　　　──➤

配戴下圖所示的裝置

骨盆　脊柱

輕度的側彎症在醫師的指導下配戴如左圖所示的裝置，或者用作體操等保存療法觀察情況。

側彎症在青春期較多見，成長到脊柱完成之後，自然就能痊癒。但如果不是這種情況則需要動手術。

❽
症狀別的看護

【症狀別的看護】

腰痛的原因

　　腰骨或肌肉發生毛病就會產生腰痛。此外，生殖或泌尿器官的骨盆內器官毛病，或是消化器官的疾病等等也會引起腰痛。

　　腰肌的疲勞和姿勢不良也是腰痛的原因。

【各種腰痛的原因】

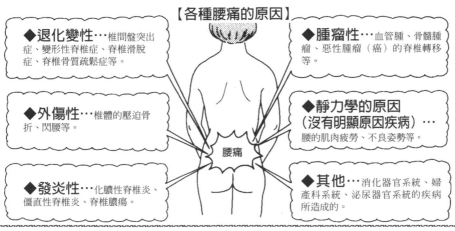

◆**退化變性**…椎間盤突出症、變形性脊椎症、脊椎滑脫症、脊椎骨質疏鬆症等。

◆**腫瘤性**…血管腫、骨髓腫瘤、惡性腫瘤（癌）的脊椎轉移等。

◆**外傷性**…椎體的壓迫骨折、閃腰等。

◆**靜力學的原因（沒有明顯原因疾病）**…腰的肌肉疲勞、不良姿勢等。

◆**發炎性**…化膿性脊椎炎、僵直性脊椎炎、脊椎膿瘍。

◆**其他**…消化器官系統、婦產科系統、泌尿器官系統的疾病所造成的。

腰痛

【症狀別的看護】

減輕腰痛的方法

▶對腰痛有好處的各種體操

❶腹肌運動

❷骨盆旋轉運動
腰抬起、放下

❸伸展屈膝肌群
（大腿內側）

❹伸展背肌
交互抱左右腳

★預防腰痛的運動
　　腰痛大多可以藉著鍛鍊腰或腹部的肌肉來防止。左圖所列舉的體操在不會感覺疼痛的情況下，每個月都要做。

★防止腰痛的日常生活注意要點
　　經常坐辦公桌的人大多長時間持續同一個姿勢，這樣容易引起腰痛。有時候要站起來走一走、伸伸懶腰。

　　此外，睡太過柔軟的寢具，腰下沈、腰椎彎曲的狀態下也容易引起腰痛。因此要睡較硬的寢具。

★防止腰痛的拿東西法
　　腰痛容易在突然將重物往上抬時發生，所以要屈膝將東西拉向自己再抬起來，就可以預防腰痛。

◆拿重物時
❶將重物拖向身體側
❷抬起重物

【症狀別的看護】

揮鞭式損傷症

◆揮鞭式損傷症的發生例

❶坐在停止的車上…

❷被其他的車子追撞→揮鞭式損傷症的發生

坐在前面車子上的人的放大圖

頸椎（頸骨）的韌帶及椎間盤等受到損傷引起揮鞭式損傷症。

★揮鞭式損傷症的原因

坐在停止的車上，突然被其他的車子追撞，頸部朝後方拉扯再往前方倒下。

像這樣就好像在空中揮舞鞭子似的激烈的動作，導致頸椎（頸骨）周圍韌帶和椎間盤受到損傷，稱為揮鞭式損傷症。

揮鞭式損傷症大多因為先前列舉的交通意外事故而發生。此外，也可能是因為運動或是東西掉到頭上而發生。

★揮鞭式損傷症的症狀

意外事故發生剛過後，大多沒有症狀出現。大約在隔天或是幾天之後，早起時覺得後頸疼痛，還有頭暈、耳鳴等症狀出現。

【症狀別的看護】

揮鞭式損傷症的處理

首先要靜養

⇩

溫濕布

熱毛巾

按摩

如果這樣還無法好轉的話，就要到醫院去。

★發症剛過後的處理

首先要靜養，不要隨意活動患部，這點非常重要。然後再用毛巾進行溫敷，或輕微的按摩也很有效。

通常 2~3 週內就能痊癒，不過如果症狀無法改善的話，要趕緊去接受醫師的診斷及治療。

★症狀抑制到某種程度後的處理

活動頸部不會感覺疼痛的話，則盡可能多活動頸部，進行復健。

對於揮鞭式損傷症比較好的體操如右圖所示，在不會感覺疼痛的情況下，每天都要持續地做。

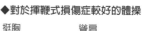

◆對於揮鞭式損傷症較好的體操

挺胸　　　　　聳肩

頸部往左右倒　　頸部往前後倒

不管哪一種體操，在不會感覺疼痛的程度下才可以做。

好像抵抗手部力量似的活動頸部。

【症狀別的看護】 ## 顎關節脫臼

【頭骨的狀態】

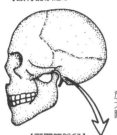

顎關節的放大圖

【顎關節脫臼】

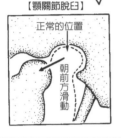

正常的位置

朝前方滑動

★顎關節脫臼的原因？

因為治療牙齒或是打大呵欠、口大大張開時，超過顎（下顎）關節的活動範圍後，就會造成關節的挪移。

這種情形稱為顎關節脫臼。關節周圍的韌帶或是關節包鬆弛時，容易出現這種現象。

甚至有些人光是說話，或是吃東西就會出現這種現象（習慣性脫臼）。

★顎關節脫臼的處理

習慣性脫臼自己就可以輕易的整復（使關節恢復到原來的位置），但有可能會損傷神經等。因此要如右圖所示用繃帶固定，由醫師來處理。

如果反覆脫臼好幾次，就必須要動手術了。

【利用繃帶固定】

整個圍一圈

【症狀別的看護】 ## 顎關節症

★顎關節症的症狀

想要開口時，顎關節周圍疼痛，發出「咕嘁」的雜音，沒有辦法順暢活動下顎的症狀。這類非發炎性的疾病稱為顎關節症。

★顎關節症的原因

牙齒的排列不良、咬合不正或者是咀嚼肌（活動下顎的肌肉）不發達，容易引起顎關節症。

由於飲食的變化，小時候就吃加工食品或是柔軟的食物，因此牙齒或是下顎等咀嚼器官不發達，都與顎關節症有關。

此外，顎關節的變形與精神壓力等也有關。

★顎關節症的處理

咬合不正時要到牙科接受矯正，要去看牙科或是口腔外科醫師。

【顎關節症的原因】

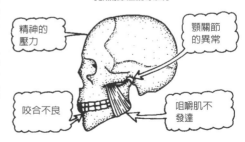

精神的壓力

顎關節的異常

咬合不良

咀嚼肌不發達

【症狀別的看護】　**體質性的肩膀酸痛**

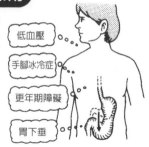

低血壓

手腳冰冷症

更年期障礙

胃下垂

　　肩膀酸痛是一種主觀的症狀，即使對肩膀加重同樣的負擔，有的人會覺得疼痛或苦重感，但有的人卻不會。

　　尤其低血壓或手腳冰冷症的人，胃下垂（消瘦的女性較多見）的人，較容易引起體質的肩膀酸痛。

　　此外，因為更年期障礙也容易引起肩膀酸痛。而同一個人因為體調的不同，有時也可能引起肩膀酸痛。

【症狀別的看護】　**疾病造成的肩膀酸痛**

　　若是來自於生活習慣或是姿勢的肩膀酸痛，只要靜養，用溫濕布療法，輕微的運動和體操等，家庭中的護理就能夠改善症狀。

　　但因為罹患某種疾病而出現肩膀酸痛的現象，就必須要先治療疾病，否則肩膀酸痛便無法痊癒。

【肩膀酸痛的原因】

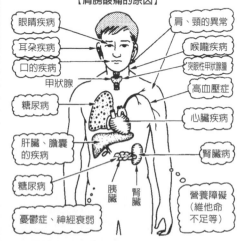

眼睛疾病
耳朵疾病
口的疾病
甲狀腺
糖尿病
肝臟、膽囊的疾病
糖尿病
憂鬱症、神經衰弱
胰臟
腎臟
肩、頸的異常
喉嚨疾病
突眼性甲狀腺腫
高血壓症
心臟疾病
腎臟病
營養障礙（維他命不足等）

　　例如頸部或肩膀周圍肌肉或神經異常（頸肩臂症候群或變形性頸椎症【注】）則必須要接受整形外科的治療。

　　此外，像眼耳口的疾病或高血壓症等也會引起肩膀酸痛（參照左圖）。

　　尤其內臟的疾病，隨著神經的分布疼痛傳達到肩膀，而引起肩膀酸痛。

　　因此，有時藉著肩膀酸痛可以知道一些平常忽略的毛病，因此要多注意。

　　【參考】為什麼肝臟和心臟等疾病會引起肩膀疼痛呢？

　　一旦出現肩膀酸痛，很多人都會認為肩膀是周圍出現異常。

　　但是人類的身體遍布神經，因此隨著神經的分布，疼痛會傳達到其他部位。代表性的就是肝臟或膽囊的疾病，可能引起右肩疼痛。而這也是由於神經的分布而造成的。

【注】關於這些疾病，請參照《了解我們的身體——疾病篇》。

【症狀別的看護】 心臟病患者生活上的注意事項

　　心臟不好的人要注意不要對心臟造成負擔。

　　所以在日常生活中，有一些簡單的注意要點。如下表所介紹的，一定要多加注意。

　　（關於菸酒請參照次頁）

泡澡	泡澡就好像做激烈運動一樣，心跳次數會提高。因此，有心臟病的人絕對不能泡熱水澡，但是可以泡溫水澡。
咖啡和紅茶	咖啡或紅茶中所含的咖啡因，若攝取過多會造成心跳次數加快，所以一天只能喝1~2杯。
激烈撞擊	在開車時被後面的車以超猛速度追撞，因為這個撞擊而使得心跳次數突然上升，也會誘發心臟病發作。這時必須要進行深呼吸。
壓力	因為人際關係的糾紛或是過度疲勞等壓力，心臟有毛病的人會誘發發作，要好好的休息、放鬆並轉換心情。
運動	激烈的運動會對心臟造成負擔，醫師一定會禁止患者做運動。但是散步等輕微的運動反而能使血液適度的循環順暢，使得血管得到淨化。因此建議患者做輕微的運動。
性行為	如果是重症的心律不整，一般而言性行為會使得血壓升高，所以會禁止。
藥物的副作用	胰島素（治療糖尿病）或是降壓劑等容易引起心悸。此外，口服避孕藥（避孕丸）也會引起心臟疾病。
睡眠	適度睡眠能夠有效的使心臟休息，所以必須有計畫的進行工作或學習，避免持續睡眠不足。
氣溫	寒冷會使血管收縮、血壓升高，增加心臟的負擔。尤其是從溫暖的地方突然走到寒冷地方時，容易引起發作。所以在出入溫差較大處必須要多加注意。

8 症狀別的看護

【症狀別的看護】 不用擔心！並非病態的心悸

　　▶ **運動**⋯健康人做完劇烈運動之後，因為需要大量的血液，所以心臟快速跳動，拼命送出血液，就會引起心悸。

　　▶ **飲食**⋯大量飲酒或是喝咖啡、吃得過多、菸抽得過多也會引起心悸。

　　▶ **月經**⋯有的人在月經時，會形成貧血狀態而出現心悸。

　　【**處理法**】以上所列舉生理的心悸都是暫時性的現象，不必特別擔心【注】。

　　但如果心悸非常嚴重，或是時間持續太長的話，要接受醫師的診治，因為有可能隱藏著自己並沒有發現到的疾病。

【注】平常就要控制菸酒、咖啡、香辛料等刺激物的攝取量，注意不要吃得過多。

【症狀別的看護】

酒對心臟病不好嗎 ？

◆適量飲酒的例子　　◆飲酒過度的例子

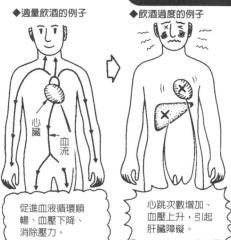

心臟

血流

促進血液循環順暢、血壓下降、消除壓力。

心跳次數增加、血壓上升，引起肝臟障礙。

★適量飲酒的效果

　　酒中所含的酒精，如果適量攝取可以使血管擴張，具有降低血壓的效果。

　　此外，可以消除壓力、誘導安眠，所以能夠消除疲勞。

　　因此，狹心症等心臟病患者適量飲酒也無妨。但是不可以自己隨意判斷，有心臟病的人一定要請教醫師，

◆酒的適量
　日本酒1壺
　　（180ml）

◆啤酒1大瓶
　　（630ml）

◆葡萄酒2杯
（240ml）

了解適當的飲用量，遵守飲用範圍。

　　一般而言，酒的適量如果是日本酒的話是1壺，啤酒的話1大瓶，葡萄酒的話則是2杯。

★喝得過多會變何種情況 ？

　　適量攝取會對身體很好的酒，喝得過多會導致血壓上升，增加心臟的負擔，對心臟有害，對肝臟也會造成不良的影響。

【症狀別的看護】

吸菸對於心臟不好嗎 ？

　　菸中所含的尼古丁一旦進入血液中，會刺激中樞神經，使得毛細血管收縮。因此，血管會變細，血液循環不順暢。因爲抵抗所以血壓上升，對於心臟造成負擔。

　　所以心臟病的人禁止抽菸。

　　此外，菸中所含的一氧化碳會阻礙氧在肺部與血紅蛋白結合，沒有辦法運送足夠的氧，就會造成各組織的缺氧狀態。

◆健康時…紅血球順暢流通　　◆吸菸時…紅血球無法流通

紅血球

微小血管

毛細血管的收縮

【症狀別的看護】

心臟神經症是何種疾病？

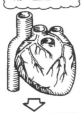

雖然心臟無異常，但是…

當加諸了悲傷或恐懼的壓力時…

【心臟神經症】

胸痛或心悸

神經質的人容易發生

★心臟神經症的症狀

心臟雖然完全無異常，但是卻有胸痛或呼吸困難等現象，好像有心臟病的症狀。這種疾病稱爲心臟神經症。

除了先前所列舉的症狀之外，感覺好像無法深呼吸、嘆氣似的呼吸方式爲其主要特徵。

此外，有的人會有頭暈或頭痛，容易疲倦、失眠等症狀。

尤其年輕女性會陷入淺促呼吸狀態，形成過換氣症候群（吸氣比吐氣更多，體內二氧化碳減少的疾病）。

此外，發作時與狹心症等不同，在安靜時反而會強烈出現。

★心臟神經症的原因

神經質的人特別容易發生。這些人如果加諸過多壓力就會發病。

此外，心電圖檢查時，不需要擔心的心律不整現象也可能會引起發病。

❽ 症狀別的看護

【症狀別的看護】

心臟神經症的處理法

★心臟神經症的治療法

最重要的就是要充分檢查，讓患者了解到自己並無異常。

日常生活中要擁有餘裕

【活動身體】　　　　【建立興趣】

散步　　打網球　　音樂鑑賞　　插花

因此，患者與醫師之間信任關係非常重要。

確認這個關係之後，才可以進行有效的心理療法或藥物療法。

★日常生活中的注意事項

這個疾病心理的影響很大，所以一定要巧妙的紓解壓力。

用運動或散步等活動身體，作一些自己感興趣的事情，打發充裕的時間。

此外，平常就要建立自信，相信自己的心臟並沒問題。

【症狀別的看護】

高血壓症的人生活的注意事項

❶營養均衡的飲食生活

❷適度的運動

散步　體操

❸避免壓力積存

休息　興趣

❹少抽菸

菸的尼古丁會使血管收縮

【高血壓症的原因與對策】

當從心臟經由血管送出血液時，會對血管壁造成壓力。

這個壓力稱為血壓。包括心臟收縮時的血壓（收縮壓），以及擴張時的血壓（舒張壓）。收縮壓為 160mmHg 以上，舒張壓為 95mmHg 以上的狀態稱為高血壓【注】。

高血壓有各種的原因，不過大多是原因不明的本態性高血壓。本態性高血壓據說是因為壓力、遺傳、肥胖、吸菸等，造成血壓上升的因子複雜糾纏在一起而發症。

高血壓症除了本態性之外，還有因為腎臟病或荷爾蒙分泌異常等疾病而引起的二次性高血壓症。這時必須先治療原因疾病，如果只是採用藥物療法的話，就要遵從指示，好好的持續服藥。

本態性高血壓要攝取營養均衡的飲食，擁有足夠的休息、睡眠與適度的運動。此外，擁有興趣、消除壓力、不要抽太多的菸，肥胖的人必須要減肥。

【注】由WHO（世界衛生組織）所制訂的基準。

【症狀別的看護】

低血壓症的人生活上的注意事項

★低血壓症的原因

收縮壓 100mmHg 以下的狀態稱為低血壓。原因可能是心臟等循環器官系統的疾病，或荷爾蒙分泌障礙等原因而造成的，稱為症候性低血壓。

但是低血壓當中，大部分都是原因不明。尤其無症狀或是頭暈、肩膀酸痛等症狀也可能是低血壓症。

★低血壓症的改善法

症候性低血壓症首先要治療原因疾病，而本態性低血壓症則沒有根本的治療法。由於對於生活不會造成妨礙，因此大多放任不管。

低血壓症的症狀是容易疲倦、手腳發冷、早晨不容易起床。事實上，有不少是心因性的原因造成的。

因此，必須自覺到「自己沒有病」，這點很重要。同時，要過規律正常的生活，還有就是要攝取營養均衡的飲食。

【症狀別的看護】

手腳冰冷症

冰冷症發生的構造

❶自律神經異常

⇩

❷毛細血管收縮

⇩

❸血液循環障礙

⇩

手腳冰冷症的發生

雖然不是非常寒冷，但是身體的特定部位卻比其他的部位更為冰冷，這種傾向較強的人就稱為手腳冰冷症。

手腳冰冷症的原因不明，不過據說跟自律神經異常有關。

自律神經與體溫的調節有關。當自律神經異常時，會導致特定部位毛細血管收縮，而導致血液循環不良。

結果就會有「冰冷」的感覺，尤其手指、腳趾、腰部特別容易發生。

從秋天到冬天的季節變換時，大多數的人都會感覺到寒冷。但是現在夏天因為有冷氣的普及，所以有手腳冰冷症煩惱的人也增加了。

對策則是穿厚襪子、努力保溫，或者是藉著泡澡或按摩等促進血液循環也有效。

容易感覺冰冷的部位

腰

手指

腳趾

❽症狀別的看護

【症狀別的看護】

各種手腳冰冷症的原因

各種原因

- 更年期障礙
- 貧血
- 低血壓症
- 自律神經失調症
- 產後
- 身心症
- 營養的偏差

此外，還有甲狀腺機能降低症或雷諾病、心臟疾病等也會感覺冰冷。

手腳冰冷症的原因，最具代表性的就是更年期的障礙。一旦到了更年期時，體內荷爾蒙平衡失調，對自律神經的功能也造成影響，而罹患了手腳冰冷症。

此外，甲狀腺機能降低症或是雷諾病（動脈壁痙攣、血液循環不順暢的疾病）、心臟疾病等，也可能導致血液循環不良而浩成冰冷。

此外，像貧血、低血壓、產後或身心症等等都會感覺冰冷。

食物方面，維他命或蛋白質缺乏時也會引起手腳冰冷症，因此要注意飲食生活。

知道原因之後就要努力修正（或治療）。

【症狀別的看護】 ## 發燙或血氣上衝的原因

頭或臉突然感覺發熱的狀態，稱爲「發燙」或「血氣上衝」。

像這種熱感，有時全身都會感覺到。

如果是暫時性的，則不用擔心；但若持續發燙，有可能隱藏其他的疾病，要接受治療。

〔各種「發燙」或「血氣上衝」的原因〕

因爲精神原因而造成 ……

⊙感覺到**羞恥**或**興奮**的時候，臉或身體容易發燙，相信大家都有過這種經驗。

這是暫時性的，很快就會消失，所以不用擔心。不過，如果情況很嚴重，就要仔細的觀察經過。

因爲熱性疾病而造成 ……

⊙**發燒**時當然會感覺發燙。

如果發燙的症狀無法消除，疑似爲熱性疾病，就要量體溫並接受醫師的診察。

更年期障礙所引起的自律神經異常 ……

⊙停經期的女性由於荷爾蒙平衡失調（更年期障礙），而導致自律神經失調，引起發燙。

自律神經失調會出現手腳冰冷或發燙的現象，如果情況非常嚴重的話，則必須接受荷爾蒙療法。此外，**產後女性**也會感覺發燙。

甲狀腺機能亢進症（突眼性甲狀腺腫病） ……

⊙甲狀腺的荷爾蒙代謝旺盛，不斷產生熱量作用。因此，甲狀腺機能亢進，分泌大量荷爾蒙，造成體內積存太多的熱，而產生發燙和血氣上衝的現象。

高血壓症 ……

⊙高血壓通常會伴隨著熱感，但有時也會因爲高血壓藥物的副作用，而引起血氣上衝的現象。

8 症狀別的看護

【症狀別的看護】 ## 發燙或血氣上衝的對策

發燙或血氣上衝都是主觀性的，具有很大的個人差。

如果無法消除，就要接受醫師的診察，檢查有沒有原因疾病。

如果有原因就要專心治療。但是，發燙或血氣上衝心因性的要素很大，大都需要精神層面上的護理。

如果持續發燙，就要接受醫師的診斷

臉發燙

第 9 章
急救法與緊急處理

【急救法】

一人運送傷患者的方法

手扶在側腹

● 側抱

用雙手支撐

● 對抱

腳不張開也無妨
用雙臂壓住

● 從腰下抱起

傷患者較輕鬆

● 上半身趴在背後

抓住手腕

● 扶著肩膀

蹲下

● 配合對方的高度

手抓住膝內側

● 普通的背法

保持固定

● 抓住手腕背著

交叉

● 雙臂交叉握著

用一隻手握住兩隻手腕
在困難之處比較方便

● 單手自由

手繞在脖子上

● 扛在背上

蹲下

● 前傾背著

● 手繞在脖子上

綁緊手腕

● 綁住手腕運送

帶子穿過兩腋下

● 使用帶子的方法

捲起來
用毛毯裹住

抓住捲起來的部位

● 使用毛毯保護身體，拉著運送

三角巾
在胸前打蝴蝶結

● 結環背負

三角巾
可以只有單側綁蝴蝶結

● 打結

打開使用
結成環

● 登山時的方法

支撐下顎

● 確保呼吸道運送法

肱臂握住單臂

● 從後面拉

用最適當的搬運方法，迅速搬運哦！！

【急救法】 # 各種繃帶包紮法

繃帶的包紮法依包紮的部位，是否包括關節在內，以及症狀是什麼和傷部的範圍等的不同而不同。

▶ 繃帶末端的固定法……在學習包紮法之前，首先先介紹固定的方法。

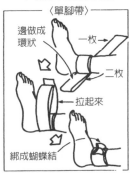
〈單腳帶〉
邊做成環狀
一枚
二枚
拉起來
綁成蝴蝶結

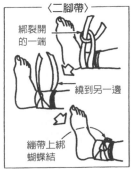
〈二腳帶〉
綁裂開的一端
繞到另一邊
繃帶上綁蝴蝶結

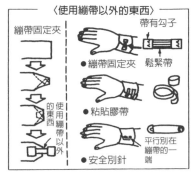
〈使用繃帶以外的東西〉
繃帶固定夾
使用繃帶以外的東西
帶有勾子
●繃帶固定夾　鬆緊帶
●粘貼膠帶
平行別在繃帶的一端
●安全別針

▶ 繃帶的包紮法……原則上是以細的部位→粗的部位、末梢→中樞的方向捲起。

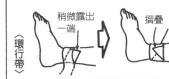
〈環行帶〉
稍微露出一端
摺疊
繃帶夾
●同一部位來回捲好幾圈的方法

是其他繃帶包紮法剛開始包紮或包紮結束時所用的方法

〈螺旋帶〉
雙臂
範圍狹窄的傷
重疊1/2～1/3
二腳帶的綁法
●將繃帶重疊往上捲的方法

粗細相同的部位或範圍狹窄的傷口可以使用

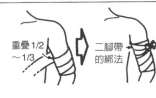
〈折轉帶〉
繞幾圈以後再折返回來
折返重疊
若變成粗細相同時，使用螺旋帶的包紮法
藉著折返捲起，就可以防止繃帶鬆脫滑落
●使用於會逐漸變粗的部位的包紮法

❾ 急救法與緊急處理

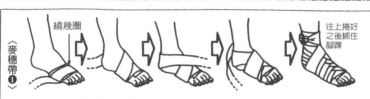

〈麥穗帶❶〉

繞幾圈　往上捲好之後綁住腳踝

往上捲時，好像麥穗形狀的包紮法

●用於腳踝扭傷時的包紮法

〈麥穗帶❷〉

繞幾圈　上下捲　一定要繞回中心　呈8字型　從中心朝向外側……離心法

關節等彎曲部位在包紮時，一定要使用這種方法

●以關節內側為中心，上下交互繞成8字型

〈蛇行帶〉

支架　固定支架　開始包紮和包紮結束時，使用環形帶　繃帶較少的時候　保護紗布

繃帶間的肌膚會露出來，所以以傷口一定要裹住，保護紗布

●繃帶不要重疊，隔開一些間隔包紮的方法

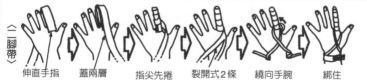

〈二腳帶〉

伸直手指　蓋兩層　指尖先捲　裂開式2條　繞向手腕　綁住

若捲好之後發現繃帶太短，則可將末端撕裂綁住

●繃帶的末端撕裂成2條，用以固定

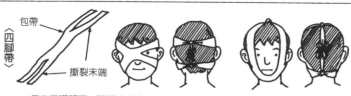

〈四腳帶〉

包帶　撕裂末端

因為是圓形，所以使用於繃帶容易滑脫或不容易包紮時的方法

●用來保護顏面、頭部的方法

▶ 沒有繃帶時……長統襪在各種情況下使用都非常方便

軀幹部　足部　兩隻襪子交疊在一起　足部罩在頭上　扭轉　罩住剩下的一半　打結

〈保護頭部時〉

〈吊手臂〉

肺復甦術(A、B、C)

【急救法】

無意識時……舌根下沈可能會堵住呼吸道……

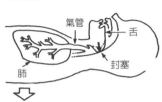

〔A〕Airway……**確保呼吸道暢通**
頭後仰使呼吸道挺直

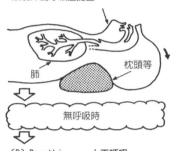

無呼吸時

〔B〕Breathing……**人工呼吸**
❶以口對口的方式將氣息送入傷者的口中（口對口的方法）

檢查胸是否膨脹

也可以用手帕蓋住

❷口移開等待患者的氣息自然吐出

反覆❶與❷的動作，直到患者可以自行呼吸為止！！

在發生災禍或意外事故，傷病者呈意識昏迷時，有時舌根倒下的方向不對，可能會阻塞呼吸道。

這種情況稱為舌根沈下。一旦呼吸道被阻塞時，便無法呼吸，為了防止這種情形發生，首先要將患者的頭向後仰，伸直呼吸道，以確保空氣的通道（左圖〔A〕）。（但是，頸部若有損傷時，不可任意移動頭部，否則會危及生命安全。因此，在醫師和急救隊員還沒有到達之前，不可以隨便移動傷病者。）

即使確保呼吸道暢通，但還是沒有呼吸時，則要採用口對口的方式為傷病者進行人工呼吸，這時為了避免氣息漏出來，捏住傷病者的鼻子是很重要的（左圖〔B〕）。

確認胸部膨脹，空氣進入肺部之後，口移開讓傷病者吐出氣息。

每隔5～6秒吹入氣息1次，藉著這個方法努力喚回傷病者的呼吸。

此外，如果摸不到脈搏時，確將體重整個擺在傷病者的胸附近，以1分鐘60次的速度進行壓迫（心臟按摩，右圖〔C〕）。

這時，如果呼吸停止，則按摩進行15次之後，再進行2次人工呼吸，並反覆這個動作。

這就是努力恢復呼吸和脈搏的心肺復甦術。

量不到脈搏時

〔C〕Circulation……**心臟按摩**
手抵住心臟附近（胸骨處）壓迫

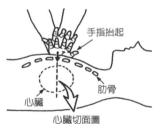

手指抬起

肋骨

心臟

心臟切面圖
（從頭的方向看的圖）

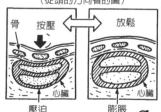

骨　按壓　　放鬆

壓迫　　　膨脹

心臟　　　心臟

一直到脈搏正常為止的按摩法！！

【急救法】 嬰兒的人工呼吸

1 確認意識

用手指彈

首先要確認有無意識。【注】若是嬰兒叫喚他他也也無法回答，因此，要用手指輕彈腳底，這時如果有嚇一跳的反應，則表示有意識。

2 進行人工呼吸　　　　　（放大圖）

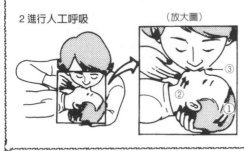

無意識時必須進行人工呼吸。①首先將頭朝後仰，②手指扶住下顎往前拉，確保呼吸道順暢，③接著，用自己的口搗住嬰兒的口與鼻，花1～1.5秒的時間將氣息慢慢吹入嬰兒的肺，直到胸膛脹為止，以3～4秒的間隔反覆進行這個動作。

【注】若是大人，會有心跳聲等等，「不要緊吧！」

【急救法】 嬰兒的心臟按摩法

❾ 急救法與緊急處理

1 首先確認脈搏

量脈搏的位置

用手指觸摸下顎根部下方

首先❶頭往後仰，確保呼吸道暢通，❷用食指輕輕觸摸頸動脈（參照左圖，確認有脈搏。倘若沒有脈搏，則要進行心臟按摩。

【參考】（量脈搏時如果用力壓，會將自己的脈搏誤以為是嬰兒的脈搏。）

2 繼續進行心臟按摩　　（按摩的位置）

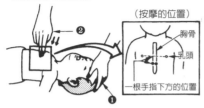

胸骨

乳頭

一根手指下方的位置

如果沒有脈搏的話，要立刻❶將頭往後仰，確保呼吸道暢通，❷食指和中指抵住按摩的位置（手指的位置參照左圖），以陷凹1.5～2.5公分的程度，1分鐘80次的速度，筆直的按壓。【注】

★與人工呼吸搭配進行

心臟按摩進行5次之後，進行1次人工呼吸……這個方式反覆進行10次，再確認脈搏。如果還是沒有脈搏，則要反覆進行好幾次人工呼吸。如果脈搏已經恢復跳動，但是還是沒有呼吸的話，則必須每隔3～4秒進行1次人工呼吸。

【注】按摩的位置弄錯或是過度用力按壓時，會導致內臟破裂，肋骨也可能會骨折。

【急救法】

各種止血法

▶ 何謂止血？

因為意外事故受傷引起外出血時，為了防止血液從破裂的血管流出，要做緊急處理，這個緊急處理的方法就叫做止血法。

大致可分為下述的4種方法。依出血部位的狀態或出血量的不同，選擇適當的止血法。此外，也可以自由組合這些方法來止血。

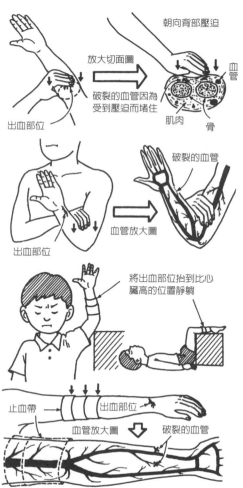

▶ 各種止血法

❶壓迫止血法（直接壓迫法）

傷口沒有骨折可以使用這個方法，直接壓迫出血部位進行止血。

固定壓迫或須持續壓迫時，可以使用繃帶，這種方法稱為壓迫繃帶。

❷指壓止血法（間接壓迫法）

如果傷口有骨折無法進行壓迫止血，或即使進行壓迫止血，血液也無法停止外流時，可使用這種方法。

壓迫出血部位較靠近心臟的動脈，進行止血。

❸高揚法

止血後，將出血部位抬到比心臟更高的位置的方法。

藉著抬高患部，可使傷口附近血管內的血壓下降，較容易止血。

❹止血帶

是在使用壓迫止血和指壓止血都無法止血的大出血時所使用的方法。綁住比出血部位更靠近心臟側的動脈部分，進行止血。

若長時間進行時，會引起血液循環障礙，是比較危險的方法。

❾急救法與緊急處理

異物進入眼睛時的處理法

【急救法】

〔禁止事項〕為避免傷害眼角膜，絕對不可以揉眼睛。

小的灰塵等，只要閉上眼睛，異物就會隨著眼淚流出來。

此外，可在洗臉盆中放水清洗眼睛，將異物沖出。

上眼瞼　棉花棒等

眼睛朝下　眼睛朝上

下眼瞼

或是將眼瞼翻過來，如果發現灰塵時，可用濕的清潔紗布弄掉。

眼睛的視線要朝向與所檢查的眼瞼相反的方向（參照左圖）。

如果眼睛被刺刺到時，不要勉強拔出，要用清潔紗布蓋住，然後去看醫師。

〔參考〕關於藥品進入眼睛時的處理法，請參照後面的敘述。

異物進入耳朵時的處理方法

【急救法】

小手電筒等

〔蟲爬進去時〕將耳洞朝向亮的方向，蟲大多會被光引誘而自己爬出來。

但是，如果還是無法去除時……

❶

❷

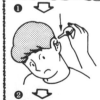

若勉強把牠挖出來，則有可能會使小蟲掉到耳朵深處。因此，可以在耳洞裡滴幾滴沙拉油，將蟲殺死（左圖❶）。

然後再利用掏耳朵的器具將其掏出（左圖❷）。

〔豆子或水等進入時〕如果勉強地將進入的豆子擠出時，有可能會使其反而掉落至深處。

首先，將有異物進入的耳朵朝下，單腳跳躍。

如果還是無法去除時，則要立刻去看耳鼻喉科。

〔參考〕有水進入時，除了上述的方法之外，也可以用棉花棒等加以吸除。

有水進入時，可用紙撚吸除

紙撚兒

【急救法】 【誤吞異物時的處理方法】容易阻塞喉嚨的食物

蒟蒻果凍

年糕

老人或病人吞入食物的力量衰退，如果吃年糕或蒟蒻、果凍等食品，容易塞住喉嚨。

這種情況對小孩子而言也是如此。

要防止這些事故發生，在給予之前須先將食物切成小塊。此外，爲了容易吞服，可一併攝取茶等水分。

【急救法】 【誤吞異物時的處理方法】自己能呼吸時的處理法

如果被年糕等食物或鈕釦等異物堵住喉嚨時，一般人大多都會慌了手腳。

但是，如果患者本人還能吸呼時，即表示異物並未深入喉嚨，周圍的人不要慌張，首先讓患者平靜下來，按照下圖的方式進行處理。

❶用力咳嗽

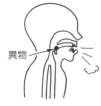

異物

如果能呼吸的話，要用力咳嗽，藉著這個力量就能去除大部分的異物。

❷用手指挖出

異物放在喉嚨深處時，可以用食指將其挖出。

9 急救法與緊急處理

【急救法】 〔注意〕這時要立刻送醫

如果不幸患者沒有呼吸，異物深入呼吸道時，則可以採用次頁的用手壓迫法等。

但是，不可以外行人的經驗來判斷，任意的想取出異物，這是很危險的作法。

若用手壓迫法無效時，須趕緊叫救護車送到醫院，進行適當的處理，否則可能會危及生命安全。

爲避免浪費時間，要趕緊叫救護車。

【急救法】取出喉嚨異物的方法❶用手壓迫法

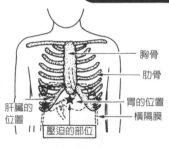

- 胸骨
- 肋骨
- 肝臟的位置
- 胃的位置
- 橫隔膜
- 壓迫的部位

〔異物吐出的構造〕

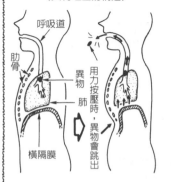

- 呼吸道
- 肋骨
- 異物
- 肺
- 橫隔膜
- 用力按壓時，異物會跳出

★何謂用手壓迫法？

用力壓迫窒息患者的上腹部，取出異物的處理法稱為用手壓迫法。

用手壓迫法是解救窒息患者最有效的方法。平常就要培養正確的處理方法，在意外發生時才可以幫得上忙。

★壓迫哪個部位？

用手壓迫法如果壓迫的位置或方向不對時，有時會導致內臟破裂。

正確的壓迫部位是上腹部的胸骨下方附近（參照左上圖），在這個位置朝胸的方向迅速用力壓迫。

★異物吐出的構造？

用力壓迫上腹部時，橫隔膜會往上擠，肺中的空氣就會被推出體外。

藉著空氣的流動，卡在途中的異物也會「叭」的吐出來。

★用手壓迫法的正確處理法

❶有意識的患者…讓患者站著或坐著，手從後面穿過腋下抱住他。

接著，用一隻手握拳頂住壓迫的部位，另一隻手握住手腕附近，用力朝胸的方向壓迫。

❷無意識的患者…患者仰躺時，將雙手放在胸上；俯臥時，則抵住肩胛骨下方附近（參照左圖），好像將整個體重加諸於患者身上似的壓迫內側。

這時，要讓患者的臉朝向側面，確保呼吸道暢通【注2】。

❶患者有意識時

用力按壓

如果只有患者一人時，可以握住手使用椅子的靠背，按壓同樣的位置試試看

從上面看時手的位置

胸

❷患者無意識時

按壓　【注1】

背部

按壓

【注1】用雙手從季肋部斜上方按壓5次，確認異物是否從口中吐出，如果還是不行，再壓5次……如果快要縮回去時，可用小指掏出。

【注2】臉仰躺時，如果舌根倒向喉嚨的方向，會引起窒息的危險。

❾急救法與緊急處理

【急救法】 ## 取出喉嚨異物的方法❷背部拍打法

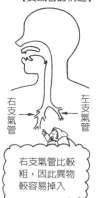

【支氣管的構造】

右支氣管　左支氣管

右支氣管比較粗，因此異物較容易掉入

★支氣管的構造

氣管分支爲左右支氣管，皆別進入左肺與右肺，而在肺中又繼續分爲細小的分支，形成細支氣管，在末端形成像葡萄串的器官肺泡。

在左右支氣管中，右支氣管比左支氣管直且粗（參照左圖）。

因此，異物進入喉嚨時，掉入右支氣管的機率比掉入左支氣管的機率高。

★何謂背部拍打法？

使用用手壓迫法仍然無法取出異物時，則改採用力拍打患者背部中央的辦法。

這個方法稱爲背部拍打法，根據患者意識的有無而採用以下的方式。

❶**患者有意識時**……用不常用的手從後面將患者的橫隔膜用力往上推，用慣用手用力拍打患者背部中央4～5次（右圖❶）。

❷**患者無意識時**……讓患者面向自己採取側臥位【注】，與❶同樣用力拍打患者的背部4～5次（右圖❷）。

❶有意識的患者

用力拍打

❶無意識的患者

讓患者面向自己

用力拍打

側臥

【注】右支氣管進入異物的機率較高，因此右側朝上側躺。

9 急救法與緊急處理

【急救法】 ## 嬰幼兒的背部拍打法

小孩可能會誤吞家庭中的鈕釦或安全別針、花生等，這時，以慣用手反手扶住孩子的下顎，讓他趴在大腿上，再用慣用手用力拍打背部。【注】

如果是更小的嬰兒，則可抓住嬰兒的腳踝讓他倒立，讓異物從口中滑出。

爲了防止這些意外事故發生，儘量不要將能夠放入嬰兒嘴巴裡的東西綁在嬰幼兒身邊。

跪下

扶住下顎

【注】首先拍打5次，看看異物有沒有吐出來，如果沒有再打5次……如果異物快要出來時，可以將小指伸入嘴巴深處將異物掏出。

【急救法】 休　克

★何謂休克？

受重傷大量出血或精神受到極大的刺激時，血液循環停滯，全身無法得到足夠的血液供給。這時身體會產生各種症狀，這種症狀就稱為休克。

★休克的種類

休克的原因很多，分類如下表所示。

種類	原因等
體液喪失性休克	因為大量出血（內出血）或脫水狀態等原因而引起。此外，燙傷時血管內的血漿會朝組織滲出，這也是造成休克的原因。
心原性休克	因為狹心症或心肌梗塞等心臟疾病的原因，心臟送出血液的唧筒作用喪失而造成的。
細菌性休克	受到細菌感染而產生的毒素侵害身體而引起休克。
其他休克	因為精神的打擊而引起的，也就是所謂的昏倒。或是脊柱麻痺或四肢麻痺而引起的神經性休克。另外，藥劑的副作用與內分泌的異常也是休克的原因。

【急救法】 一般的休克處理法

★休克的症狀

休克是意識昏迷，可能會引起死亡的嚴重症狀。

初期會有以下的症狀【注】。

▶臉色蒼白

▶手腳冰冷、冒冷汗

▶茫然、對周遭的事漠不關心（重症時會意識昏迷）

▶呼吸紊亂

▶脈搏微弱、血壓下降

★休克狀態處理法

在等待救護車時，要注意的事項……

❶將頭放低靜躺……呼吸新鮮空氣，放寬衣服。為了促進心臟和腦部的血液循環，要將腳稍微抬高休息。

這時為了避免造成刺激，要靜靜的處理患者，須將患者的臉轉向側面，以免嘔吐物造成窒息。

❷保溫……一旦體溫散失時，便會消耗掉太多熱量，因此，要蓋毛毯加以保溫（但是，太過於溫暖會造成末梢組織的血流增加，腦部的血流因而減少也不好）。

腳抬高

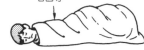
毛毯等

【注】疑似休克要立刻送醫。

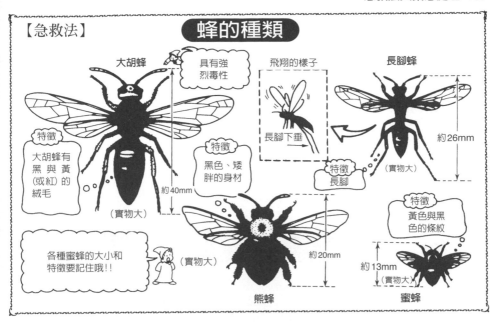

【急救法】 蜂的種類

大胡蜂

具有強烈毒性

飛翔的樣子

長腳下垂

長腳蜂

約26mm

（實物大）

特徵
大胡蜂有黑與黃（或紅）的絨毛

特徵
黑色、矮胖的身材

特徵
長腳

特徵
黃色與黑色的條紋

約40mm

（實物大）

各種蜜蜂的大小和特徵要記住哦！！

（實物大）

約20mm

約13mm

（實物大）

熊蜂

蜜蜂

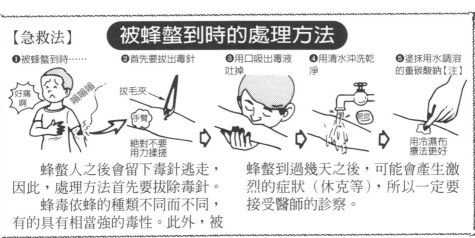

【急救法】 被蜂螫到時的處理方法

❶被蜂螫到時……

好痛啊　嗡嗡嗡

❷首先要拔出毒針

拔毛夾

手臂

絕對不要用力揉搓

❸用口吸出毒液吐掉

❹用清水沖洗乾淨

肥皂

❺塗抹用水調溶的重碳酸鈉【注】

用冷濕布療法更好

　　蜂螫人之後會留下毒針逃走，因此，處理方法首先要拔除毒針。
　　蜂毒依蜂的種類不同而不同，有的具有相當強的毒性。此外，被

蜂螫到過幾天之後，可能會產生激烈的症狀（休克等），所以一定要接受醫師的診察。

【注】也可以用檸檬汁或碾碎成泥狀的阿斯匹靈來代替。

【參考】 被螞蟻咬到時

　　螞蟻中有些種類和蜂一樣，具有毒針。此外，就算沒有毒針，但還是會產生蟻酸刺激物，使皮膚產生水泡。
　　處理的方法與被蜂螫到時的處理方法相同。

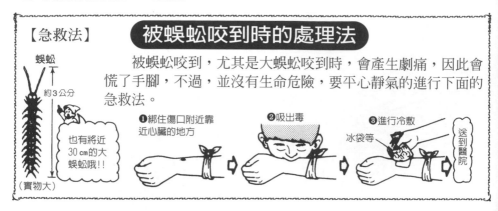

【急救法】

被蜈蚣咬到時的處理法

蜈蚣

約3公分

也有將近
30 cm的大
蜈蚣哦！！

（實物大）

被蜈蚣咬到，尤其是大蜈蚣咬到時，會產生劇痛，因此會慌了手腳，不過，並沒有生命危險，要平心靜氣的進行下面的急救法。

❶綁住傷口附近靠
近心臟的地方

❷吸出毒

❸進行冷敷

冰袋等

送到醫院

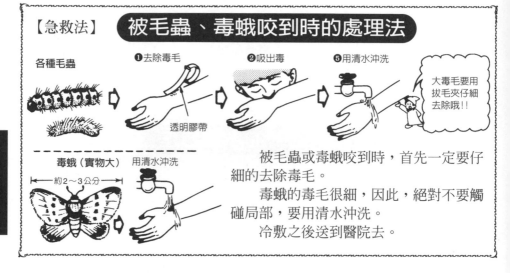

【急救法】

被毛蟲、毒蛾咬到時的處理法

各種毛蟲

❶去除毒毛

透明膠帶

❷吸出毒

❺用清水沖洗

大毒毛要用
拔毛夾仔細
去除哦！！

毒蛾（實物大）

約2～3公分

用清水沖洗

被毛蟲或毒蛾咬到時，首先一定要仔細的去除毒毛。

毒蛾的毒毛很細，因此，絕對不要觸碰局部，要用清水沖洗。

冷敷之後送到醫院去。

❾
急
救
法
與
緊
急
處
理

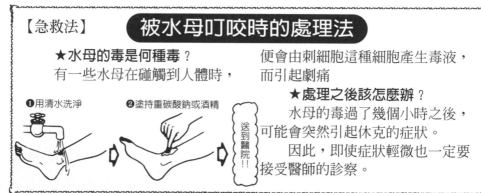

【急救法】

被水母叮咬時的處理法

★**水母的毒是何種毒？**

有一些水母在碰觸到人體時，

❶用清水洗淨

❷塗持重碳酸鈉或酒精

送到醫院！！

便會由刺細胞這種細胞產生毒液，而引起劇痛

★**處理之後該怎麼辦？**

水母的毒過了幾個小時之後，可能會突然引起休克的症狀。

因此，即使症狀輕微也一定要接受醫師的診察。

創造一個防蟎的環境

【急救法】

❶**通風良好**……蟎喜歡溫暖潮濕的地方，因此，房間要隨時保持適當的乾燥。

如上圖所示，為了讓房間的空氣流通，有窗戶是最理想的，不過，也可以利用換氣扇或空調設備進行換氣。

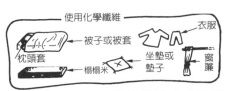

天然纖維會成為蟎的餌食，所以室內的東西最好使用化學纖維或皮革、合成皮製品【注】。

❷**日光消毒**……蟎無法抵擋陽光的紫外線，因此，被子或榻榻米、枕頭等室內的東西，要經常進行日光消毒。

❸**避免天然纖維**

❹**經常使用吸塵器等**……不只是地板，連被子、枕頭和櫥櫃都不要忘記用吸塵器吸除灰塵。

❺**使用殺蟲劑**……定期使用薰蒸劑等；榻榻米下可以鋪防蟲布等。

【注】枕頭裡面不要用蕎麥或羽毛，最好使用塑膠材料，蟲較不容易接近。

被蟎叮咬時的處理法

【急救法】

★**容易被蟎叮咬的部位**

蟎喜歡溫暖柔軟的部位，因此，腋窩、胯下較容易被叮咬。

被蟎叮咬時的特徵，是會出現大約1公分左右的無數紅斑。

★**被叮咬時的處理法**

要先塗抹市售的氨水或是蚊蟲叮咬藥。

如果患部糜爛或潮濕，在做過上述的處理之後，要趕緊去看皮膚科。

可是，如果不根絕蟎的話，即使是再怎麼處理，依然是煩惱不斷，因此，最理想的處理是去除蟎。

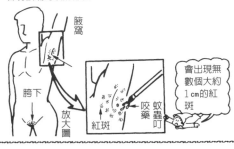

容易被蟎叮咬的部位

【急救法】 如何分辨無毒蛇與有毒蛇？

【無毒蛇】

■牙齒的形狀　■從上方看時，頭的形狀　■咬過的齒痕

黃頷蛇

【毒蛇】

上顎前端有毒牙

眼鏡蛇、蝮蛇

上顎後方有毒牙

赤練蛇

殘留毒牙的痕迹

毒牙的痕迹

■毒蛇的形狀

國內最具代表性的毒蛇是眼鏡蛇、蝮蛇、赤練蛇。

這些蛇大都形成腮幫子鼓起的頭形。被咬後，會清晰的留下2顆毒牙的齒痕。

被咬時，大多看不清楚毒蛇的形狀，首先要做緊急處理，並迅速去看醫師。

【急救法】 被毒蛇咬到時的處理法

9 急救法與緊急處理

■首先，要趕緊去看醫師，並確保救護車的安排及交通工具等，然後做以下的處理。

❶**保持安靜側躺**……讓患者平靜下來，鼓起勇氣。

❷**若需綁傷口，要綁靠近心臟的部位**……毒液會隨著靜脈循環而遍及全身，為了防止這種情形發生，要綁住傷口。但是，如果壓迫過度會阻礙動脈的血液循環，使組織壞死。

毒牙的痕迹

輕輕綁住，每10分鐘放鬆1次。

❸**血液和毒液一起吸除**……口抵住傷口，先將毒液吸出吐掉後，再進行消毒，蓋上紗布用繃帶包住。

（若吞下微量的毒液也不用擔心，但是，口腔有傷口的人，毒可能會從傷口滲入，所以絕對不要進行吸出毒液的處置）。

【參考】在❷與❸之間，有人會建議先將傷口消毒，然後再用刀子切開。但是，如果不是由護理人員來進行的話，可能會切斷神經或血管，造成更嚴重的傷口，所以一定要謹慎考慮。

【參考知識】　　血　清

★蛇血清的製造方法

將從毒蛇中抽出的毒液，以不會致死的少量毒液注射到馬的體內。

馬體內的白血球會製造出抗體，與毒（抗原）結合，產生了封住毒力的反應（稱為免疫反應）。

從馬體內抽出血液，抽出含有抗原的血漿，稱之為血清，注射到被毒蛇咬到的人體內，就能夠解毒。

★血清的特徵

由眼鏡蛇毒製造出來的血清只對眼鏡蛇毒有效；由蝮蛇毒製造出來的血清只對蝮蛇毒有效。因此，如果能夠抓住咬人的蛇，就能夠更迅速進行適當的治療【注】。

血清中的情況

馬

量注
毒射
液少

毒液（抗原）

白血球

糟糕了!!

這就沒問題了

形成抗體

【注】大型醫院中也有血清，故可以到附近的大型醫院去。

【急救法】　　在野外時的服裝

理想的野外服裝

帽子

利用毛巾等蓋住耳朵

有領子的衣服

厚的長袖上衣

厚的皮手套或橡皮手套（不可以戴棉手套）

厚的長褲（不可以穿緊身褲）

長靴

化妝品或香水會引蟲過來，所以不要使用

★避免露出肌膚!!

在野外時，要穿著長褲長袖，頭上最好戴厚的帽子，並用毛巾等搗住耳朵，衣領也要用毛巾裹住，防止蟲從衣領進入或是叮咬。

此外，手也是經常被蟲或蛇等咬傷的部位，因此，最好戴皮手套或橡皮手套。

布做的棉手套在被蛇咬時，幾乎無法發揮作用。

腳上最好穿上橡皮製的長靴等。

★不可以使用氣味較強的香水!!

整髮劑或化妝品、香水等中所含的香料，會吸引蜂等前來，所以最好不要塗抹。

此外，果汁等帶有甜味的東西也會引起蟲靠近，所以喝完的空罐子不要亂丟。

蜂等可能會飛進留有果汁的罐子裡，因此，一定要蓋好蓋子。

【參考】為避免被蟲叮咬，一定要隨身攜帶抗組織胺藥膏。

【急救法】　被貓狗咬到時的處理法

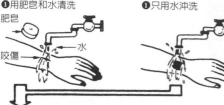

❶用肥皂和水清洗

肥皂

←水

咬傷

❶只用水沖洗

❷消毒

❸蓋上紗布、裹上繃帶

❹傷口嚴重時要去看醫生

【注】腫脹時要冷敷

←冰袋等

★緊急處理3原則

❶ 被動物咬到時，要先用對皮膚刺激較小的肥皂充分洗淨，去除動物的唾液或塵土（左圖❶）。

如果傷口的皮膚破裂，用肥皂會產生刺痛感，故只須用清水沖洗即可（左圖❶）。

❷其次用雙氧水消毒（左圖❶）。

不只是傷口，連傷口周圍都要消毒，否則，可能會有肉眼看不見的雜菌侵入肌膚內。

此外，看護者的手指帶有雜菌，故絕對不可以觸摸傷口。

❸用紗布蓋著，裹上繃帶【注】。

較淺的傷口如果不會痛，可以觀察經過；但是，如果咬傷太深，或深口太髒時，有可能會受到細菌的感染，一定要去看醫師。

★2次感染

被動物咬傷時，最可怕的就是右表所列的感染症，不過，感染這些病的病例很少，最重要的就是要早期進行適當的處置。

■被咬傷後，有感染之虞的疾病

動物名	病名
一般動物	破傷風
狗、貓共通	巴斯德菌病
狗	狂犬病（參照下段）
老鼠	鼠咬症

【注】嚴重出血時，要蓋上一層厚厚的紗布，並加壓裹上繃帶。

【參考知識】　狂犬病

★何謂狂犬病？

被感染狂犬病毒的狗咬到時，其唾液中所含的病毒會透過傷口感染到人體。

這個病毒傳到神經時，會侵襲腦，引起各種神經症狀，若放任不管，可能會使呼吸肌麻痺而無法呼吸，有死亡之虞。

★在國內的發病率

目前規定飼養的犬必須接種狂犬病疫苗，所以發病率應該是○【注】。

但是，如果是野狗等，不知道有沒有注射過疫苗，因此必須去看醫師。

【注】如果到國外去，需要預防狂犬病。此外，在國外也有被狗以外的動物咬傷而發病的例子，故飼養寵物時，要飼養有證明書的動物。

【急救法】 ## 防止寵物傳染病的方法

被寵物傳染的傳染病有很多，症狀各有不同。

因此，不管是哪種症狀，都要到內科或皮膚科接受診治。但是，預防感染，不罹患疾病才是最重要的。

❶接觸過寵物要洗手……

用肥皂洗手

如果直接用接觸過寵物的手拿東西吃，則細菌可能會從口進入體內。

❷不要用以口傳口的方式餵食……

太過疼愛寵物，甚至親吻寵物或是用以口傳口的方式餵食，都會造成感染。

❸糞便要好好處理……寵物的糞便中潛藏著很多細菌和寄生蟲卵等，也會造成感染。

讓寵物在一定的場所排便之後，一定要將糞便裝入塑膠袋中包起來丟掉。尤其是牽狗散步的時候，要用報紙等包起來帶回來丟掉【注】。

散步時
塑膠袋
摺疊的報紙
包住

❹照顧……狗或貓容易成為跳蚤或蟎的溫床，因此一定要經常為牠洗澡、刷毛（市面上有賣除蚤粉）。

刷毛

❺清掃房間……即使寵物很乾淨，但是房間很髒還是沒有用的，尤其是灰塵、蟎和細菌很容易潛藏，所以一定要經常使用吸塵器清掃；寵物的小屋或餐具要進行日光消毒。

❾急救法與緊急處理

【注】最近發生了掉在公園砂場的狗糞便，使得孩子感染到蛔蟲的問題。

【參考】 ## 寵物可能傳染的傳染病

病名	病源動物	在何種情況下感染	主要症狀
巴斯德菌病	貓、狗	被咬或抓傷時	淋巴結腫脹
弓形體症	貓	糞便或毛中所含的	發燒【注1】
貓狗蛔蟲症	貓、狗	蟲卵由口侵入	呼吸器官障礙
疥癬	貓、狗	附著於動物的蟎，接觸人體時會感染	發疹
鸚鵡病	鸚鵡等	吸入糞便或以口餵食時	發燒【注2】

【注1】此外，還有淋巴結腫脹、發疹、肺炎、腦炎等，在懷孕初期會造成流產。
【注2】此外，還有食慾不振、頭痛、肌肉痛等。

【基礎知識】 # 了解燙傷程度的方法

燙傷是因為熱而使皮膚組織受到破壞的狀態。

皮膚具有保護身體，防止外界刺激或吸收刺激的作用，是非常重要的器官。

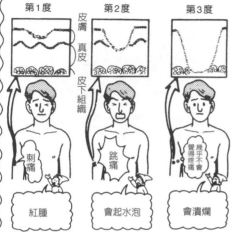

第1度　第2度　第3度

皮膚　真皮　皮下組織

刺痛　跳痛　幾乎不會覺得疼痛

紅腫　會起水泡　會潰爛

★由燙傷的深度來分類

❶第1度……只有表皮受到侵襲的燙傷，患部會發紅、刺痛。

1～2週後完全痊癒，不會留下疤痕。

❷第2度……連真皮都受到侵襲的燙傷，大多會形成水泡，如果處理不好，容易引起細菌感染。

❸第3度……連皮下組織都受損，要接受專門醫師的治療。

★由燙傷面積來分類

❶將身體分為幾個區域來測量的方法……將身體分為頭部、軀幹、手腳等幾個部分，各自測量佔表面積的百分之幾來了解燙傷的面積。如果成人的皮膚受到3分之1以上的燙傷時會危及生命安全；若是兒童，體表百分之10～25以上遭到燙傷時，是非常危險的。

尤其連皮下組織都遭到侵襲時（第3度），即使燙傷的範圍很小，也視為是重症燙傷，必須盡早接受治療。

❷用手掌測量的方法……人的手掌面積約佔表面積的1％，因此，可以用來測量燙傷的大小。

成人
9％
36％（前18％後18％）
9％　9％
陰部（1％）
9％　9％
9％　9％

兒童
15％
35％（前20％後15％）
10％　10％
15％　15％

幼兒
20％
40％（前20％後20％）
10％　10％
10％　10％

體表的1％

佔整個身體表面積的比例（百分比）

【急救法】 輕度燙傷的緊急處理

燙傷當中，發紅、刺痛或起水泡等，只要不是大的傷害（第1度與第2度都是輕度燙傷，請參照前頁），在家中按照下述的處理方式，1～2週後即可痊癒且不留疤痕。

但是，臉或陰部、關節部位等燙傷時，即使是輕微的燙傷，在做完緊急處理之後一定要看醫師。

燙傷的處理最重要的就是要「冷敷」。燙傷後立刻冷敷可以……

■緩和疼痛

■防止患部瘀血或浮腫，以防症狀惡化

得到以上的效果。

這時使用清水清洗能夠防止雜菌感染，但是，如果起水泡時，注意不要弄破水泡，以免感染細菌。燙傷的處理原則是❶不弄破皮膚❷不造成感染。

若手邊沒有水時，可以利用杯子裡面的水或用冷敷。

冷敷到疼痛感去除為止，然後蓋上紗布，輕輕包紮一下，保護受傷的皮膚。

（如果只有稍微發紅或輕微燙傷，只要冷敷大多可以痊癒。）

❶冷敷

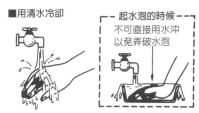

■用清水冷卻

起水泡的時候
不可直接用水沖
以免弄破水泡

■其他的冷卻方法

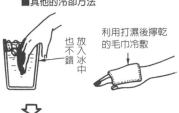

也不錯
放入冰中

利用打濕後擰乾的毛巾冷敷

❷蓋上紗布輕輕包紮

一旦手指燙傷時，每一根手指都要用繃帶包紮

【參考】 燙傷以保持清潔為原則

燙傷部位的皮膚非常脆弱，因此，容易受到細菌感染。

如果塗抹藥膏，細菌可能會侵入，傷口有化膿之虞，所以絕對不要塗抹藥膏。

橄欖油、蘆薈、軟膏等，也可能引起細菌感染，最好不要塗抹。

此外，如果運氣好，沒有化膿，可是卻在傷口上塗抹一些東西，不但很難了解傷口的情形，醫師要觀察時也很難掌握狀況，如果妨礙到醫師的診斷就不好了。一般而言，燙傷後要靜養、補充水分，攝取良質蛋白質，此外，也要保護患部避免碰撞或皮膚的伸縮使皮膚破裂。

❾急救法與緊急處理

重症燙傷的處理

【急救法】

❶叫救護車並脫掉衣服冷卻的方法

■用清水冷卻　水管

有時衣服黏在患部上，不要勉強脫掉，隔著衣服冷卻也可以

■使用浴缸的水

水

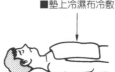

■墊上冷濕布冷敷

❷保溫

燙傷的範圍較大或屬於第2度嚴重燙傷或是第3度燙傷時，必須立刻叫救護車並進行冷卻患部的急救處理才行。

原則上，要脫掉患部的衣服，但不要勉強脫下，依狀況的需要可使用剪刀剪開。

如果出現水泡時，一旦水泡弄破了，皮膚內部會露出來，便容易受到感染。因此，不要直接用清水沖洗冷卻，要用毛巾等蓋著，然後再沖水。

其次，嚴重燙傷時，患部的血管會大量滲出血漿，並由於循環障礙而引起休克狀態，因此，在救護車來到之前，一定要努力保溫並讓患者靜養。

【注】如果患者想喝水時，在沒有受到醫師的指示之前，只能夠給予打濕嘴唇的水分而已。

臉燙傷時的處理

【急救法】

【冷卻的方法】

■臉泡在洗臉盆中

■用濕毛巾冷敷

臉部即使是輕微的燙傷，也可能使眼瞼無法張開或使鼻子受到損傷，所以冷卻之後一定要帶去看醫師。

此外，鼻毛有可能會燒焦。這時，吸進的熱氣會侵襲呼吸道，所以要仔細觀察患部的情況。

【參考】讓兒童免於大的燒燙傷

幼兒有時在離開父母的視線一下子的時間，就會受到大的燒燙傷，像這類的意外很多，所以像煙火、火柴、打火機等發火性的東西，要放在孩子眼睛看不到或手構不著的地方。

以下列記燙傷的原因和注意事項。

❶掉入熱的洗澡水中……在浴缸旁邊玩，一不小心就掉入裝滿熱水的浴缸中，所以絕對嚴禁讓幼兒單獨在浴室裡。

❷被水壺或鍋中的熱水燙到……不要讓幼兒靠近水壺及正在瓦斯爐上煮東西的鍋子。

❸太靠近爐火……爐火一定要安裝安全開關，以免小孩在大人不在時玩火。

【急救法】經常發生在家庭中的瓦斯中毒時的急救方法

在家庭中常見的瓦斯中毒就是❶都市的氣體中毒，❷一氧化碳中毒，❸氯氣中毒這三種。

不管是哪一種情形，外行人想要救助的話，可能連自己都中毒了。所以，只有在患者接近門口附近，瓦斯濃度不是很濃的情況下，才能停止呼吸。按照下述的方式來救助。

其他的情況必須叫救護車，在專家來到之前，絕對不要冒險前去救助。

❶都市氣體中毒

由於鍋中煮的東西冒出來，而造成瓦斯漏氣。

關緊瓦斯開關，打開窗戶換氣【注】，將患者抬到屋外。

❷一氧化碳中毒

燃燒產生的一氧化碳，因為換氣不足而充滿整個屋內。

關掉爐火，開窗開門換氣，將患者抬到室外。

❸氯氣中毒

氯系列與氧系列的洗劑混合而產生氯氣。

開窗換氣之後，將患者帶離事故現場（浴室等）

【注】這時如果按下換氣扇或電燈開關時，會引起爆炸，要特別注意。此外，電氣的開關如果是在事故現場以外的地方，必須先拉下來。

【急救法】瓦斯中毒的處理方法

如果能將患者帶到屋外的話，首先要先叫救護車。

其次，叫喚患者，確認有沒有意識……

❶**有意識時**……給他溫咖啡或茶、果汁等，讓患者平靜下來。

然後，用毛毯裹住保溫，等待救護車到來。

❷**無意識時**……將頭後仰，防止舌根落到喉嚨的位置（確保呼吸道暢通）。

其次確認呼吸與脈搏的有無。如果沒有呼吸，就要進行人口呼吸；沒有脈搏，就要進行心臟按摩，在等待救護車到來時可以做這些處理【注】。

【人工呼吸】

手帕等

【心臟按摩】

【注】關於人工呼吸與心臟按摩，請參照前面的敘述。

【危險物別】 誤吞之後送到醫院前的處理法一覽表

	物品名	處理法
可以催吐	菸	幼兒如果吸取了1根份的尼古丁（約20mg）都是致死量，要除去殘留在口中的菸，讓他喝水或牛乳催吐。
	化妝水、香水、古龍水	裡面所含的酒精或界面活性劑等會引起中毒，要喝水或牛乳催吐。
	染髮液	有第1液與第2液，問題在於第1液，要喝水或牛乳催吐。
	洗髮精、潤絲精	尤其去頭皮屑洗髮精更為危險，要喝水或牛乳催吐。
	燙髮液	即使是少量，危險性也很高，要喝水或牛乳催吐，並立刻送醫。
	安眠藥	要喝大量的溫開水稀釋胃中的藥濃度，催吐之後趕緊送醫。
	防蟲劑	喝水或溫水催吐，牛乳會加速藥劑的吸收，所以絕對不可以喝牛乳。
不可催吐	住宅用洗劑	因為含有酸或鹼，催吐時可能會損傷胃或食道的粘膜，因此要喝大量的牛乳或蛋白。
	廁所用洗劑　鹼性	與住宅用洗劑相同，要喝大量的牛乳或蛋白。
	酸性	與鹼性的處理法相同。
	漂白劑	勉強吐出來可能會造成食道或胃穿孔，所以要喝大量的牛乳或水（噴到眼睛時，要用大量的清水沖洗）。
	石油製品（燈油或石油等）	一旦催吐，會由氣管進入肺，可能會引起肺炎，所以一定要喝水。
	指甲油、去光水	喝大量的水或溫開水（避免吐出來），趕緊送醫。

※以下所列舉的物品，少量時不會引起中毒，但如果症狀嚴重時，就要送到醫院去。

肥皂	如果只是少量，不用擔心。
廚房用洗劑	喝牛乳、蛋白等催吐並觀察情況。
火柴	若是小孩子，催吐觀察情況即可。
口紅、乳液	少量的話沒關係，但可以喝水或牛乳催吐。
蚊香、電蚊香片	蚊香2卷以下，電蚊香片30片以下不用擔心
乾燥劑	在口中可能會引起發炎，但是少量的話沒有關係。
體溫劑中的水銀	不會經由消化管被吸收，會隨著糞便一起排泄出來。

❾ 急救法與緊急處理

【急救法】

誤吞家庭中的危險物品時該怎麼辦？

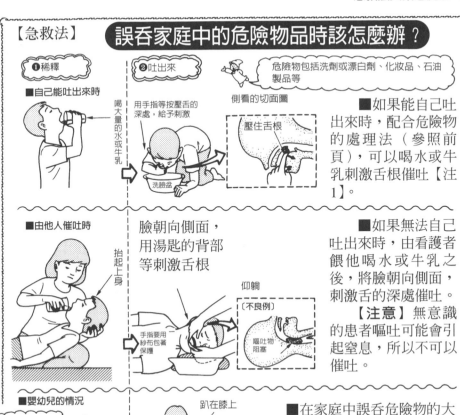

❶稀釋　　　　❷吐出來

危險物包括洗劑或漂白劑、化妝品、石油製品等

■自己能吐出來時

喝大量的水或牛乳

用手指等按壓舌的深處，給予刺激

洗臉盆

側看的切面圖

壓住舌根

■由他人催吐時

抬起上身

臉朝向側面，用湯匙的背部等刺激舌根

手指要用紗布包著保護

仰躺

〔不良例〕

嘔吐物阻塞

■嬰幼兒的情況

捏住鼻子，覺得呼吸困難時就會張嘴，這時就較容易餵食。

趴在膝上

用手指按壓舌頭深處。

■如果能自己吐出來時，配合危險物的處理法（參照前頁），可以喝水或牛乳刺激舌根催吐【注1】。

■如果無法自己吐出來時，由看護者餵他喝水或牛乳之後，將臉朝向側面，刺激舌的深處催吐。

【注意】無意識的患者嘔吐可能會引起窒息，所以不可以催吐。

■在家庭中誤吞危險物的大多是較小的兒童，其處理法則是……

首先，讓他喝水或牛乳，但他可能不願意喝。

這時要輕捏他的鼻子，當他感覺呼吸困難時就會張開口，此時可以利用長嘴壺讓他喝下。

然後讓孩子趴在膝上，用手指刺激舌的深處催吐。

【注意】未滿 6 個月的嬰兒，即使刺激舌的深處也不會嘔吐，所以【注2】只能夠給予飲料，等待他自然吐出。

9 急救法與緊急處理

【例外】牛乳會加速石油製品（汽油、燈油、揮發油等，或是防蟲劑等毒物的吸收，所以絕對不可以喝牛乳（參考前頁）。

【例外】如果誤吞強酸、強鹼或石油製品時，絕對不可以催吐（參考前頁）。

危險的東西不要放在孩子拿得到的地方。

【注1】按壓舌頭深處時，會刺激在延髓的嘔吐中樞，而引起嘔吐。
【注2】只能夠給予飲料，等待他自然吐出。

【急救法】

藥品沾到身體時的處理法

【沾到衣服時】
❶脫掉沾到藥品的衣服

❷用清水沖洗過後，用浴巾等包住身體

水管　浴巾

送醫……

藥品

稍微沾到一點點衣服，只要換掉即可

脫掉後的衣服該如何處理呢……？

如果損傷不是很嚴重，泡在水裡拿去乾洗店洗，就可以穿了。

【沾到手時】
用自來水沖洗

手放在水龍頭下，用清水沖洗藥品。

＊鹼性洗劑容易留下疤痕，所以要去醫院治療。

【沾到口時】
咕嚕咕嚕

一旦進入口中，要立刻用水或溫開水充分漱口。

（如果誤吞時，作法參照前頁。）

【進入眼睛時】

眼睛沾到藥品時

進入眼睛時，如圖所示，將臉擺在水龍頭下，為避免承受水的壓力，沾到藥品的眼睛往下，至少讓水沖洗15分鐘以上。

眼睛是非常敏感的器官，因此，沖洗完之後一定要去看眼科醫師。

【注意】

藥粉不可以澆水嗎？

生石灰或鎂等粉狀的藥品

拍掉粉末

原則上，藥品沾到身體時，按照上述的方法用水沖洗，但是，鎂或生石灰等粉末狀的藥品當中，有些碰到水後會立刻發生化學反應而產生熱，有燒燙傷之虞。

因此，如果是藥粉，不要直接接觸，要用手帕等拍掉並立刻送醫。

觸電時的處理

【急救法】

❶首先先切掉電源

❷將患者移離漏電的器具等

廚房的情況

漏電

腳邊鋪布

竹掃把等

※如果直接接觸患者，自己也會觸電

❸配合症狀，進行燒燙傷的處理或心肺復甦術。

★救助者要防止自己觸電!!

好意去救人，結果自己卻觸電了是沒有用的。

為了防止觸電，一定要先關掉電源。

其次，為了防止觸電，【注】地上要鋪布或書等站在上面，用竹子或塑膠做的掃把柄將患者從漏電的器具上移開。（絕對不要直接碰觸患者）

★患者的處理

❶有意識時……注意保溫、靜躺，情況穩定後再送醫。

❷無意識時……若無呼吸或脈搏，就要進行心肺復甦術，並趕緊送醫。

【注】電和水一定要保持絕緣，這是絕對條件，所以要救助患者最好戴上橡皮手套。

打雷時保護自身的方法

【急救法】

在家裡時

在車上時

❶在屋內時

雷具有附著於物質表面的性質，因此，靠在牆壁或柱子上很危險，盡可能待在房間的正中央。

此外，要和收音機、電視、電燈等具有電氣迴路的電化製品保持1公尺以上的距離。

另外，如果汽車和電車的避雷設備完善，待在裡面很安全。可是，如果是其他的狀況最好離開側壁。

❷在屋外時

原則上，放低姿勢很重要。

如果有高樹或建築物等，在將其高度當成半徑的圓裡，只要距離樹木3公尺以上，蹲下來就可以避雷了。

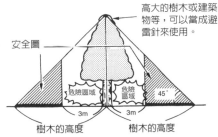

高大的樹木或建築物等，可以當成避雷針來使用。

安全圖

危險區域

危險區域

45°

3m

3m

樹木的高度

樹木的高度

【急救法】

救助溺水者的方法

【使用器具或人力救助時】

■1人救助時

抓住哦!!

■2～3人救助時

不要緊的

安靜下來

加油

　　發現溺水者時，大家要儘量一起互助合作救助溺水者。

　　這時若使用救生圈或救生艇更爲安全。

【注】原則上，要讓溺水者抓住東西再進行救助。

【沒有器具或協助者的救助】

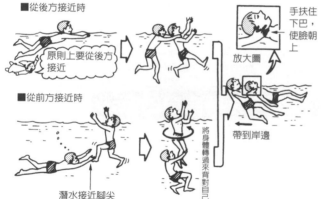

■從後方接近時

原則上要從後方接近

■從前方接近時

潛水接近腳尖

手扶住下巴，使臉朝上

放大圖

將身體轉過來背對自己

帶到岸邊

　　對游泳有自信的人，如果身邊沒有協助者或器具時，只好空手救人。

　　這時，爲避免被溺水者抓住，要從後方接近。如果必須從前方接近時，也要潛水接近溺水者，並改變方向加以救助。

9 急救法與緊急處理

【急救法】

救助後的處理方法

❶叫救護車、醫師

❷確認呼吸與脈搏……無意識、呼吸與脈搏時，要立刻進行人工呼吸及心臟按摩【注】。

　　如果喝了大量的水時，則要將患者的臉朝向側面，從上方用雙手按壓心窩處，使水吐出來，這時要小心不要誤吞了水。

❸送醫……用毛毯等裹住保溫，如有意識，可讓他喝一些熱的東西，一定要送到醫院去。

【注】關於人工呼吸與心臟按摩請參照前面的敘述，在救護車和醫師到達之前，要很有耐心持續進行到脈搏和呼吸恢復爲止。

【急救法】

為什麼會流鼻血呢？

摳鼻子、鼻子撞傷或是有鼻炎的孩子，在鼻子發癢時去抓鼻子，可能會使鼻子受傷。

突然出現的鼻血，大部分都是因為受傷所造成的。

隔開左右鼻孔的鼻中隔中的鼻中隔薄區是特別容易形成傷口。

這裡的表面粘膜很薄，很容易受傷，由於血管都集中於此，因此很容易流鼻血。

鼻中隔薄區的

鼻腔【鼻子深處空洞的切面圖】

鼻中隔薄區

鼻子入口

出血，經過緊急處理之後大都可以停止。

但是，如果發生了以下的症狀時，可能是其他的原因導致出血，在做完緊急處理之後一定要讓醫師診察。

❶左右鼻孔有一個經常出血……很可能是腫瘤。

❷不只是鼻子，連牙齦都經常出血，或是輕微的撞傷也會瘀血……血液的疾病（血友病或白血病等）。

❸月經沒來，但鼻子卻有出血症狀……這就是代償性月經，為了謹慎起見，要接受檢查。

【急救法】

流鼻血時的緊急處理

❶坐在椅子上或躺下，取得一個輕鬆的姿勢，皮帶、領帶等會勒緊身體的東西或鈕釦等，要拿掉及鬆開，並使患者放鬆心情。

【出血量少時】

用食指按住鼻翼

【出血量多時】

捏住左右鼻翼，用口呼吸

❷用食指按住出血側的鼻翼（鼻尖左右膨脹處）。

出血量多時，用拇指和食指像捏住鼻子似

的按住左右鼻翼較好。

❸坐在椅子上時要收下顎，躺著時要側臥，頭要朝向側面，避免鼻血流到喉嚨深處。

血要儘量積存在口中並吐出來。

❹如果出血超過5分鐘還沒停止，則出血側的鼻孔要塞紗布，並用冰袋等抵住出血側的鼻翼。

若使用衛生紙，則衛生紙的纖維會附著在粘膜上，而成為感染的原因，故要避免使用。

❺出血持續15分鐘以上，或出血暫時停止，但是後來又再度出血時，就要接受醫師的診察了。

【急救法】 ## 意識完全消失前的過程

因為某種原因意識出現障礙時，依障礙的輕重，可分為五個階段。

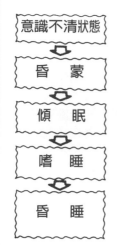

意識不清狀態

外表看來並沒有意識障礙的徵兆，但是對於事物很難集中注意力，看起來有氣無力。

昏　蒙

對於周圍事物不表關心，給人「心不在焉」的印象。此外，對於複雜事物的理解力與記憶力很低。

傾　眠

不能認識自己目前所在的場所與現在的時刻（失智），會不停的打盹，但是給予少許的刺激就會驚醒。

嗜　睡

如果不給予捏皮膚或在耳邊大聲叫喚等強烈的刺激，將會持續深眠。

昏　睡

對於外界的刺激完全沒反應，也無法靠自己的力量活動身體，可說是完全失去意識的狀態。

❾ 急救法與緊急處理

【急救法】 ## 突然失去意識時的緊急處理

❶首先，臉朝側面躺著，並確保呼吸道暢通，防止嘔吐物或血液流入呼吸道而造成窒息。

　　但是，疑似頭部損傷時要將下顎往上抬，確保呼吸道暢通，不可任意移動身體。

❷若呼吸停止時，要進行人工呼吸的處理（有大量出血時，要先做止血的處理）。【注】

❸如果沒有頭部損傷之虞，則採昏睡體位（參照下圖）。

❹用毛毯裹住身體保溫，防止體溫急速上升或降低。

　　做過這些緊急處理之後，要打119和醫院聯絡，並接受醫師的治療。

昏睡體位的方法

抬起左半身，雙手拉到面前

彎曲

稍微彎曲

抬起下顎，確保呼吸道暢通

【昏睡體位】

注意不要俯臥

左手朝上，右手移到下方

【注】關於人工呼吸及止血的處理，請參照前面的敘述。

【急救法】 因為疾病而造成突然失去意識的緊急處理

【因為腦而引起的疾病與症狀】

○**腦貧血**：臉色蒼白、冒汗、感覺頭暈，有時會昏倒。

【緊急處理】

❶頭部放低，抬高下半身靜躺。
❷如果意識超過10分鐘以上還沒有恢復時，要趕緊叫救護車。

○**中暑**：不流汗，體溫很高（40度以上），有時會昏倒，重症時會進入昏睡狀態。

❶移到陰涼處 ❷叫救護車 ❸採取容易呼吸的姿勢（昏睡體位【注】），用濕毛巾蓋住身體，用扇子等搧風。
※無意識時不要給水。

○**中風**：**輕症時**……感覺強烈頭痛及半身麻痺。
　　　　重症時……反覆激烈的嘔吐，最後進入昏睡狀態。

❶即使輕症也要叫救護車 ❷注意不要移動頭部，要躺在安靜的場所。❸出現嘔吐或打鼾等症狀時，要採取容易呼吸的姿勢（昏睡體位【注】），不可阻塞到氣息的通道（呼吸道）。

○**癲癇**：全身痙攣，最後進入昏睡狀態或動作突然停止。

❶不要移動身體 ❷叫救護車 ❸恢復意識後採取容易呼吸的姿勢（昏睡體位【注】）。

【注】關於昏睡體位請參照前頁。

【急救法】 因疾病而使意識慢慢消失的緊急處理

【因為心臟原因而引起的疾病與症狀】

○**心肌梗塞**：胸的中央（或左胸與心窩等）產生劇痛，並持續30分鐘以上。

【緊急處理】

❶先叫救護車❷放鬆勒緊身體的皮帶或鈕釦❸頭部放低，抬高下半身躺著。

【因為血液的原因而引起的疾病與症狀】

○**糖尿病性昏睡**：口渴、尿量增加等症狀出現之後，隨即進入昏睡狀態。

❶先叫救護車❷採取容易呼吸的姿勢（昏睡體位【注】）。❸有意識時給予水分。

○**低血糖性昏睡**：臉色蒼白、冒汗、身體倦怠、想睡、意識模糊，最後進入昏睡狀態。

❶通常可以給予方糖、糖或果汁等，便能穩定下來，然後送醫。❷無法接受食物時要趕緊叫救護車。❸採取容易呼吸的姿勢（昏睡體位【注】）。

○**肝性昏睡**：記憶力減退、出現幻覺等症狀後，呈現昏睡現象。

❶先叫救護車。❷採取容易呼吸的姿勢（昏睡體位【注】）。

【注】關於昏睡體位請參照前頁。

❾急救法與緊急處理

【急救法】

頭部受到強烈撞擊時的確認事項

■檢查意識

　◆雖然意識清醒，但卻失智（不記得自己的名字）等……那還不用擔心。

　◆叫他或給予刺激雖然有反應，但立刻就睡著了……傾眠狀態。

　◆叫他或給予刺激完全沒有反應……昏睡狀態→這時要趕緊進行脈搏和呼吸的確認。

　意識障礙有可能幾天才會發生，但是，如果感覺意識異常時，就要趕緊帶到醫院去。

■檢查瞳孔

◆什麼是瞳孔？

眼眸中間黑色的部分就是瞳孔

　◆一隻或兩隻眼睛的瞳孔放大，即使照了光也不會縮小。

直徑5毫米以上就有危險了。

　瞳孔無反應後，表示腦有障礙，要立刻送到醫院去。

■瘤及出血的檢查

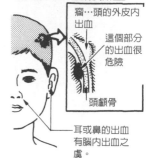

瘤…頭的外皮內出血

這個部分的出血很危險

頭顱骨

耳或鼻的出血有腦內出血之虞。

　耳朵和鼻子出血疑似腦內出血或顱骨骨折，要立刻送醫。

【急救法】

頭部受到用力撞擊時的處理

■保持安靜，等待救護車（醫師）。

◆有意識時

利用被子或毛毯等墊高頭部

頸部不要往前彎曲

　可以移動患者時，要採用避免給予頭部或頸部衝擊的方式來運送。

◆無意識時

如果有脈搏和呼吸時，要採取昏睡體位。

側躺、防止嘔吐物造成窒息

　沒有脈搏或呼吸時，要立刻進行心肺復甦術。

■出血時……

◆頭部出血

蓋上清潔紗布，進行壓迫止血。【注】

壓迫止血的方法請參照前面的敘述。

　頭部的小傷也可能導致大量出血。出血時不要慌張，要立刻進行止血。

◆耳或鼻的出血

　不要止血，只須用清潔的紗布或毛巾蓋住。

耳朵或鼻孔不可以塞脫脂棉等

【注】有瘤時，要用冰濕的紗布冷敷並止血。

【急救法】胸部受到強烈撞擊時的處理方法

★ 處理的步驟
❶ 抬高上半身，冷敷患部。

使用坐椅等硬的材質。

使用用冷水浸泡的毛巾或冰袋。

解開上衣的鈕釦，鬆開皮帶。

❷ 立刻接受醫師的診治。

■每次呼吸時都會疼痛	⇨	可能是肋骨皸裂或骨折。
■有血痰	⇨	可能是肺或氣管受損。
■引起休克症狀	⇨	可能胸部有內出血。

■ 肋骨骨折時
用三角巾固定肋骨。

紗布

骨折處……有傷口時，要蓋上紗布。
毛巾……墊在與骨折相反的一側。

三角巾

■ 有血痰時
撞擊側朝下側躺，叫救護車。

防止血液造成窒息

寬鬆衣服

■ 休克時
　首先確認脈搏與呼吸，如果沒有脈搏與呼吸，要進行心肺復甦術（與其害怕肺的損傷，還不如選擇解除生命的危機）。

　盡可能不要移動患者的身體，立刻叫救護車送醫。

9 急救法與緊急處理

【急救法】腹部受到強力撞擊時的處理

★ 觀察的方法

<疼痛的觀察>
刺痛感。
鈍痛感。

<出血的確認>
有擦傷時，立刻出現內出血現象。
事後出現內出血現象。

確認撞擊的部位

有損傷之虞的內臟	〈其他症狀〉
胃·腸	嘔吐
腎臟·尿管·膀胱	血尿
脾臟	休克症狀
肝臟	

不用擔心內臟會受損

★ 緊急處理的方法【注】
❶ 以能夠緩和疼痛的姿勢躺著。

毛毯等

A
B
C

A …感覺想吐時，臉朝向側面。
B …不要摩擦、撫摸腹部。
C …抬高膝。

❷ 立刻叫救護車。→無意識時，要進行脈搏和呼吸的確認，若無脈搏與呼吸，要立刻進行心肺復甦術。

【注】當腸和胃有損傷時，會引起腹膜炎或強烈的嘔吐，這時絕對不可以攝取飲食。

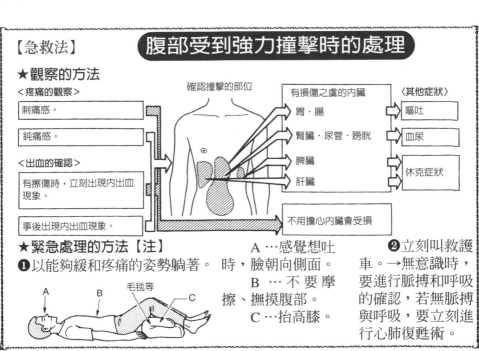

骨折的處理

【急救法】

■**閉鎖性骨折**…在皮膚中的骨折。

<主要症狀>

1) 有劇痛感,不能移動患部。

2) 不自然變形。

3) 嚴重腫脹。

4) 因為內出血而使患部周圍的皮膚變色。

★**處理方法**

不管是哪一型的骨折,為避免移動患部,要用支架牢牢固定後送醫。如果是開放性骨折,由於露出皮膚外面的骨頭可能會有細菌附著,因此,要用清潔紗布蓋住患部並加以固定,以防止細菌附著。這

■**開放性骨折**…骨頭露出皮膚表面。

<主要症狀>

1) 基本上,會與閉鎖性骨折出現同樣的症狀。

2) 斷裂的骨頭會穿破皮膚,露出體外,因此會有外出血的現象。

時絕對不要直接接觸傷口或清洗傷口。

★**支架的代替品**

只要是硬而直,具有足夠的長度與寬度的東西(傘、雜誌等),都可以當成支架來使用。

★**固定的方法**

❶**手腕、前臂部的骨折**　　❷**肱部的骨折**　　❸**鎖骨的骨折**

骨折部位

捲起來的雜誌或報紙等

手指擺在手肘上方

墊著細長的棒子等

骨折部位

骨折部位上下裹住毛巾

用三角巾吊手臂

骨折側的手臂用三角巾吊在沒有骨折側的肩膀上

骨折部位

固定骨折的鎖骨

❹**大腿的骨折**　　❺**小腿的骨折**　　❻**腳踝的骨折**

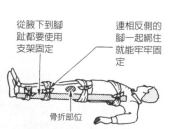

從腋下到腳趾都要使用支架固定

連相反側的腳一起綁住就能牢牢固定

骨折部位

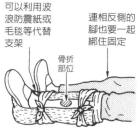

可以利用波浪防震紙或毛毯等代替支架

連相反側的腳也要一起綁住固定

骨折部位

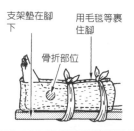

支架墊在腳下

用毛毯等裹住腳

骨折部位

【參考】將支架抵住骨折部位,一定要夾住骨折部位固定2處,特別是關節部位要牢牢固定,不要讓其移動。

【急救法】 進入體內的酒精

★酒精在體內的變化

如右圖所示，酒中所含的酒精由胃和小腸吸收，9成以上在肝臟被分解成水和二氧化碳。

然後再送到腎臟，形成尿液排出體外【注】。

★酒的適量

肝臟能輕鬆處理的酒量一天大約30毫升。

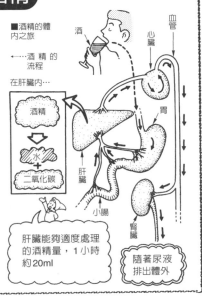

■酒精的體內之旅
←……酒精的流程
在肝臟內…

酒精
⬇
水
+
二氧化碳

肝臟能夠適度處理的酒精量，1小時約20ml

隨著尿液排出體外

100ml的酒精量

·日本酒…約16ml	
·啤酒…4～5ml	
·葡萄酒…9～13ml	
·威士忌…約40ml	
·燒酒…0～45ml	

如果是日本酒的話為180毫升（1壺），啤酒為600毫升（1大瓶）為適量（參照左表）。

【注】剩下的百分之幾則直接排到尿中或排泄到呼氣中。

【急救法】 避免惡醉的方法

■飲酒時該注意的事項是…？

❶適量飲酒

為避免對肝臟造成負擔，少量的酒要慢慢的喝。

❷攝取良質蛋白質和脂肪

牛乳或乳酪
魚

蛋白質和脂肪能夠保護胃壁免於酒精的刺激。

❸設定休肝日（不喝酒的日子）

今天不可以喝

一週至少要設定2～3天不喝酒的日子，讓肝臟休息。

■惡醉時該怎麼辦…？

❶喝2～3杯水

稀釋在胃中的酒精濃度，延遲在體內的吸收。

❷吃大量的新鮮水果

水果中所含的果糖和維他命，能夠促進酒精的分解。

❸感覺想吐時就吐出來

頭放低

這樣比較容易吐出許多殘留在胃中的酒精。

【急救法】

急性酒精中毒與飲酒量的關係

在這個情況下要戒酒

血液100cc中的酒精量	狀態等	飲酒量的標準	
30mg左右	微醺	日本酒1壺	促進血液循環，消除疲勞，是「適量」的酒量。
50mg左右	開始混亂	日本酒3壺以上	動作緩慢、愛生氣的樣子，開始無理取鬧的量。
60～100mg左右	酩酊狀態	日本酒5壺以上	覺得噁心、呼吸紊亂，站都站不穩的狀態的量。
200mg以上	泥醉狀態	日本酒7壺以上	非常想吐，可能會引起急性酒精中毒的量。
400mg以上	昏迷狀態	日本酒1升	意識不清，造成急性酒精中毒的量。
500mg以上	致死量	日本酒1升以上	危及生命的量，如果是「一飲而盡」就更危險了。

【參考】血中的酒精濃度會受到當時體調及下酒菜的影響。此外，個人體質不同，有些人即便是少量的酒精也會引起酒精中毒（參照前頁）。

9 急救法與緊急處理

【急救法】

急性酒精中毒的處理

有意識時

臉側躺以確保呼吸道暢通

寬鬆衣服

保溫

毛毯或大衣等

不良例
仰躺，嘔吐物阻塞呼吸道

如果感覺噁心時就吐出來，確保呼吸道暢通【注】，並寬鬆衣服保溫（參照左圖）。

此外，也可以多喝水或果汁等稀釋胃中的酒精濃度，且有加速酒精分解的效果。

無意識時…採取昏睡體位

右側朝下側躺　　利用毛毯等保溫　　彎曲左腳置於右腳上

不過，要趕緊叫救護車送到醫院

如果喝酒喝到失去意識，則可能危及生命安全，要趕緊叫救護車。

在救護車尚未到達之前，為避免心臟造成的負擔，採取右側朝下的側躺姿勢，臉頰朝向側面，確保呼吸道暢通，並採取昏睡體位。

【注】臉朝向側面可以防止嘔吐物造成窒息，並確保呼吸道順暢。

【急救法】

宿醉的處理

酒喝得太多，第二天早上會出現頭痛或噁心、胸口鬱悶等不快症狀，稱為宿醉。

這些症狀是因為酒精在分解成水和二氧化碳時，產生了乙醛，刺激了腦和神經所造成的。

要緩和這些症狀可用以下的方法迅速分解酒精，除此之外沒有特效藥。

但是，最重要的是避免喝太多酒，以免造成惡醉。

❶攝取水分，排出大量的尿！！

水

酒精是一種「利尿藥」，由於大量的排尿會造成脫水狀態，因此要大量攝取水分。

體內的水分成為尿被排出體外，攝取新的水分能夠提高新陳代謝，加速酒精的分解。

❷排出大量的汗！！

泡溫水澡（39～41℃左右）

大量流汗能夠促進血液循環，提高新陳代謝，加速酒精分解。

但是，激烈的運動會造成心臟的負擔，反而造成反效果，因此，只要泡個三溫暖或洗個溫水澡就夠了（不要忘記補充水分）。

❸攝取果糖或維他命！！

HONEY

水果或蜂蜜中所含的果糖或維他命，能夠順利分解酒精。

此外，水果中含有許多水分，有助於❶的水分補給；蜂蜜用開水沖泡，大量飲用也能夠攝取到水分，是非常有效的方法。

❹讓胃休息！！

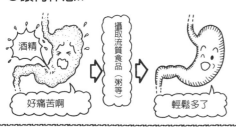

酒精

攝取流質食品（粥等）

好痛苦啊

輕鬆多了

酒精會刺激胃壁，引起急性胃炎的症狀。

宿醉時，只能夠攝取粥或果汁等流質食品，至少讓胃休息半天。

第 10 章
排泄物與分泌物

【排泄物・分泌物】 **便 秘**

急性便秘的各種原因

生活環境的變化

旅行

因病臥床

食物的變化　脫水症狀

原因是食物纖維較少
的飲食

大量發汗及缺乏水，
導致水分不足

普通人一天會排便1～2次。

但是，因為某種原因好幾天沒有排便，稱為便秘。

排便習慣有很大的個人差，有的人一週只排便一次，但卻非常健康。因此，排便是否異常必須納入個人的排便習慣來考慮。

便秘可分為急性與慢性。如果是急性，則是由左圖所列的原因所引起的，只要去除原因就能夠清除便秘，不需要擔心。

【排泄物・分泌物】 【慢性便秘之1】**器質性便秘**

器質性便秘的原因

腸支配神經
的異常

胃的毛病
・胃酸過多
・胃的排出
　障礙

胃

神經

腸腫瘤或
發炎

大腸

闌尾炎、腹膜
炎等，造成腹膜
的黏連

闌尾

直腸

直腸排便障礙
・直腸內狹窄
・壓迫

慢性便秘是指長期沒有保持正常的排便習慣，會伴隨著下腹發脹等不快感。

原因首推腸疾病等的器質性障礙。

例如直腸出現癌等腫瘤時，阻礙糞便的通過，也會形成便秘。

此外，大腸發炎或腫瘤等，使得糞便通過不順暢，也容易引起便秘。

還有闌尾炎或腹膜炎所引起的腹膜黏連和胃的毛病，腦膜炎等所引起的腦支配神經的異常等，也是便秘的原因。

【排泄物・分泌物】　　　【慢性便秘之2】 **機能性便秘**

【健康的大腸】

由小腸送進的消化物在大腸吸收水分之後成為糞便。

糞便在直腸積存到某種程度之後，直腸壁受到擠壓而擴張，這時自律神經會發生作用，將刺激傳達到大腦。

此時就會引起便意，直腸蠕動而打開肛門排便。

【機能性便秘】

★弛緩性便秘…

…糞便積存在直腸內，雖然在早上已產生了便意，可是因為出門前沒有時間或附近沒有廁所，所以只好壓抑便意。

經常出現這種情況，會使積存糞便的直腸弛緩，最後變得無法產生便意（**稱為常習性便秘**）。

★緊張性便秘…

…神經質的人等，由於分布於大腸的自律神經無法正常發揮作用，也會引起便秘。

這時，一部分的大腸痙攣或是糞便太硬等狀態，使得糞便無法順利通過腸內而引起便秘。

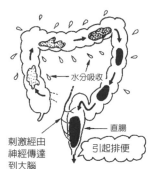

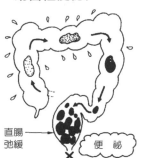

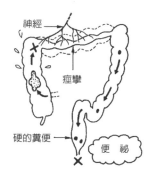

【參考】便秘的消除法

如果是因為腸的疾病而引起便秘，則須先治療疾病。

國人較常見的是常習性便秘，解決之道是，首先必須在固定的時間擁有充裕的時間，養成上廁所的習慣。此外，在食物方面要攝取纖維較多的蔬菜及水果，促進排便。

早上先喝一杯冰水或牛乳，對於腸內的蠕動也有效（但是，如果是緊張性便秘，喝冷飲反而會提高腸的緊張，造成反效果）。

另外，腹部的按摩、輕微的運動、適度的攝取水分都有效。

若還是無法排便，最後只好使用瀉藥或灌腸。但最好的方法是改善生活習慣，養成自然排便。

【排泄物・分泌物】 **下 痢**

　　健康的人，由小腸送到大腸的消化物水分被吸收之後，會變成具有適當硬度的糞便。

　　但是，由於吃喝過多或細菌感染，使得大腸出現毛病時，會導致大腸過敏。

　　因此，大腸的蠕動運動異常旺盛，沒有辦法充分吸收水分就直接將消化物排泄掉。

　　這就是下痢，通常是泥狀的軟便，一天排泄好幾次，嚴重時一天可能會出現10次以上的水樣便。

　　急性下痢……吃喝過多之後，因為消化器官的感染等而引起急性下痢。適度的攝取水分、靜養，大概二～三日就能痊癒。

　　慢性下痢……下痢出現數週，可能是潰瘍性大腸炎等胃腸的疾病造成的。

　　此外，還有心因性的過敏性腸症候群或胃酸減少而引起的無酸性下痢症等各種原因，也會引起下痢。

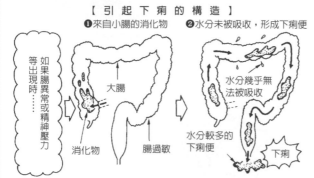

【 引 起 下 痢 的 構 造 】
❶來自小腸的消化物　❷水分未被吸收，形成下痢便
如果腸異常或精神壓力等出現時……
大腸
消化物　腸過敏
水分幾乎無法被吸收
水分較多的下痢便
下痢

【排泄物・分泌物】 **下痢的處理**

　　下痢時，由於消化物中的水分無法被吸收而直接被排泄出來，因此，容易缺乏水分。

　　所以要攝取茶、果汁、運動飲料【注1】、玉米湯等，適度的攝取水分。

　　但是，如果攝取牛乳或牛肉湯等，反而會使下痢惡化，故最好不要攝取這些食物【注2】。此外，

油膩的食物或食物纖維較多的食物會刺激腸管也不好。

　　通常，只要注意到這些事項，靜養二～三日便能痊癒（急性下痢）。下痢是身體將有害物質排出體外的一種防禦本能，因此，不要任意服用止下痢藥。

　　慢性下痢最好接受醫師的診察，找出原因。

⓾排泄物與分泌物

【注1】運動飲料電解質的替換比水分快速。
【注2】國人中有很多分解牛乳中所含的乳糖成分的能力較低的人，這些人一喝牛乳就容易下痢。

【排泄物・分泌物】 何謂便血？

由肛門排出血液稱爲**便血**【注】。

便血包括排出黑色便或排出血便兩種情形。

❶排出黑色便（焦油便）時……胃和十二指腸等上部的消化管出血時，糞便會變成黑色。

原因包括胃、十二指腸潰瘍、胃炎、胃癌、闌尾炎等。

此外，肝硬化或膽囊炎等也會排出黑色便，但這時也會出現黃疸現象。

此外，在沒有出血時服用了治療貧血的鐵劑，或是吃太多菠菜等，也會變成黑色的糞便。

❷血便……肛門或直腸等消化管的下方引起出血時，血液摻雜在糞便中排出體外。

原因是痔瘡或直腸癌、赤痢、急性大腸炎等。

不管哪一種情況如果反覆出現時，要及早接受醫師的診斷。

❶黑色便……從上部消化器官到升結腸的出血

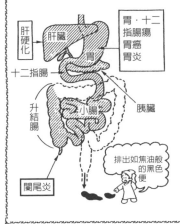

肝硬化
肝臟
胃・十二指腸瘍 胃癌 胃炎
十二指腸
胃
升結腸
小腸
胰臟
闌尾炎
排出如焦油般的黑色便

❷血便……肛門或直腸等大腸下方的出血

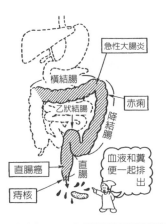

急性大腸炎
橫結腸
乙狀結腸
赤痢
降結腸
直腸癌
直腸
痔核
血液和糞便一起排出

【注】血液潛藏在糞便中，肉眼很難辨別時，稱爲潛血便。

【排泄物・分泌物】 痔瘡（痔核）的對策

【痔核】

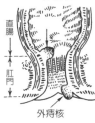

直腸
肛門
外痔核

肛門周圍形成了好像網狀般的靜脈，稱爲靜脈叢。

因爲某種原因使靜脈瘀血、靜脈叢形成瘤，這就是痔瘡（痔核）。

痔瘡會成爲便血的原因，特徵是排便時會排出鮮紅的血液。

形成在肛門外圍的稱爲外痔核，比較容易察覺。但是，如果是靠近直腸肛門側的內痔核，大多因爲便血而察覺。

原因包括常習性便秘或懷孕、經常坐著的生活、飲酒等。

處理法就是要防止便秘或下痢，肛門隨時保持清潔，適度的運動。

此外，也可以使用塞劑或軟膏，如果無效，就要動外科手術。

【排泄物・分泌物】 糞便的顏色與疾病的發現方法

	顏色	原因	可以考慮的疾病
正常色	黃～茶褐色	膽汁中的膽紅素物質（黃～綠色）因為大腸內的細菌而變成褐色	
異常色	黃～綠色	黃～綠色的膽紅素因為大腸內的細菌而變成褐色後不久，維持原色排泄出來	激烈的下痢
異常色	黑色（出血造成的）	血液中的血紅蛋白經由胃酸變成黑色	食道潰瘍、食道癌、胃炎、胃潰瘍、胃癌、十二指腸潰瘍等 〔所引起的出血〕
異常色	黑色（由食物造成的【注】）	吃喝太多的食物，食物沒有消化而變成黑色，像魚、肉的血液會摻雜在糞便中而變成黑色	無異常
異常色	白色	肝臟或膽囊的異常，使得將糞便變成褐色的膽紅素無法充分流到小腸而形成白色	肝硬化、肝癌、膽結石、膽囊癌、總膽管結石、慢性胰臟炎、胰臟癌等 〔所引起的出血〕
異常色	紅色（出血造成）	・混入紅黑色的血液 升結腸癌	升結腸 〔引起的出血（大腸上部）〕
異常色	紅色（出血造成）	・附著黏液	大腸癌、赤痢等
異常色	紅色（出血造成）	・鮮血附著於表面	直腸癌 〔所引起的出血（大腸下方）〕 痔瘡

★糞便是什麼顏色的？

健康人的糞便是因消化液膽汁中的物質而形成黃～茶褐色。

但是，疾病會使糞便的顏色變成紅、黑或白色等，這有助於疾病的發現，因此，平常就要注意患者糞便的顏色。

⓾ 排泄物與分泌物

【注】這時顏色會發黑，但不用擔心。

【排泄物・分泌物】糞便的形狀、狀態與疾病的發現方法

健康人的糞便具有適當的硬度與粗細，一天排便1～2次（一次約為100～250公克）。

但是，生病時會引起下痢或便秘等，糞便的形狀和狀態也會不同。

平常要注意觀察糞便的顏色、形狀與狀態。

	形・狀態	原　　因			次數
正常	適當硬度及粗細的糞便			一日1～2次	
異常	軟便 水分越多，糞便越柔軟 泥狀便 蠕動運動越激烈，越接近水樣便 水樣便（液體狀）	❶消化器官的異常	胃（胃液的分泌減少） 胰臟（無法製造胰液） 肝臟、膽囊（膽汁無法充分分泌到小腸） 小腸（無法消化吸收）	這些異常引起消化不良	很多（一天排泄數次～很多次的糞便）
			來自內臟出血，寄存在糞便中所形成的		
		❷吃得過多、喝得過多、發冷	大腸機能降低，導致大腸過敏	大腸的蠕動運動異常旺盛，無法充分吸收消化物中的水分，消化物就被排泄掉了	
		❸壓力	壓力刺激大腸		
		❹寄生蟲【注】	寄生蟲刺激大腸		
		❺感冒、食物中毒	大腸被細菌感染		
	如兔子般的糞便	過敏性大腸症候群	因為壓力導致結腸痙攣，糞便通過不良		很少（一週內排泄一次以下）
	硬而粗的糞便	便祕	❶水分不足或運動不足等，排便習慣暫時紊亂造成的。 ❷蠕動運動減弱，糞便無法排出所致。 ❸腸內感覺糞便積存的神經遲鈍，因此，無法產生便意。		
	如絲帶狀鉛筆型的細便	大腸癌	腸內形成的息肉妨礙糞便的通過		

【注】有時糞便好像黏著白線（寄生蟲）。

⑩排泄物與分泌物

【參考】關於下痢與便祕，請參照前面的敘述。

【排泄物‧分泌物】 ## 糞便的氣味與疾病的發現方法

　　健康人的糞便不會很臭，但生病時會有酸甜味或腥臭味，每種不同的疾病都有其特有的惡臭味。便秘時，一旦症狀惡化，惡臭的程度更強。

　　看護者為了要進行病患的健康管理，一定要注意患者糞便的顏色、形狀、氣味這三點。

	氣味	可以考慮的疾病	原　　因
正常	不臭		糞便中含有很多食物纖維，即使腐敗、發酵也不會產生惡臭。
異常	酸甜味	糖尿病	為了彌補糖的缺乏而代用的脂肪，因不見完全燃燒而形成酮體（具有酸甜味）出現在糞便中。
	腥臭味	食道癌、胃炎、胃潰瘍、大腸癌、痔瘡等消化器官的異常	消化器官的出血出現在糞便中，因此有血液的味道。
	臭水溝的味道	❶消化不良	沒有消化完的蛋白質直接送入大腸，因腐敗、發酵而產生惡臭。
		❷便秘	糞便長期積存在腸內，惡性的腸內細菌增殖，促進腸內的發酵而形成臭便。

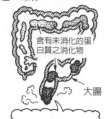

含有未消化的蛋白質之消化物

大腸

惡臭的根源是蛋白質，腐敗、發酵之後就會形成吲哚或糞臭素物質。

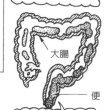

大腸

便

便秘時，魏氏梭狀芽孢桿菌這種害菌會增加。

【排泄物‧分泌物】 ## 由屁的味道可以了解的事項

　　屁的成分大半是和食物一起吞下去的空氣。

　　剩下的就是消化物腐敗、發酵產生的甲烷氣體和碳酸氣、氫氣等無臭的氣體。

　　因此，屁通常不會很臭。

　　但是，消化不良或便秘時，消化物會釋放出硫化氫這種帶有惡臭的氣體而產生臭味，也就是說，臭屁就是體調不良的證據。

　　吃了洋蔥等含有硫化氫較多的食物時，雖然不是疾病的狀態，但還是很臭【注】。

【注】此外，吃了蛋或韭菜時也會放臭屁。

【排泄物・分泌物】　　**頻　尿**【注】

生理的頻尿	茶或咖啡、啤酒等喝太多	茶或咖啡中所含的咖啡因或可可中所含的可可鹼具有利尿作用。酒精會抑制抗利尿荷爾蒙的分泌，而使得尿量增加。
	精神緊張	在考試前，精神的緊張度提高時，由於自律神經失調使膀胱無法順利調整，而導致排尿次數頻繁。
	氣候寒冷	氣候寒冷時，為了保持體溫會抑制發汗，結果使體內的水分增加、尿量增加。
病態頻尿	膀胱或尿道的感染	一旦膀胱或尿道受到細菌感染而引起發炎時，膀胱受到刺激，即使是積存少量的尿也會產生尿意（關於膀胱炎請參照次頁）。
	前列腺肥大、發炎或腫瘤	圍繞男性尿道的前列腺肥大或發炎時，會阻礙排尿，尿經常積存在膀胱中會造成頻尿（參照次頁）。
	腎臟疾病	慢性腎炎或腎硬化的初期，腎臟無法順利的進行水分的再吸收，而形成大量的尿造成頻尿。
	尿路結石	一旦膀胱附近的輸尿管或膀胱內有結石時，膀胱受到刺激即容易引起尿意。
	糖尿病	血中的糖分增加，由於滲透壓的關係而失去細胞中的水分，大量排尿造成頻尿。
	神經症	神經質的人支配膀胱的神經功能不良，而頻頻產生尿意。

【注】頻尿是指一天排尿8～10次以上。

【排泄物・分泌物】　　**頻尿的一般處理**

★除了頻尿之外，沒有其他症狀時

　　可能只是單純的水分攝取過多，或是暫時神經緊張造成的，過一陣子就好了。

　　因為不像前列腺肥大症那樣會突然產生症狀，所以沒有察覺是疾病，如果頻尿現象未見改善，還是要接受醫師的診斷。

★有其他症狀出現時

　　頻尿是由上述各種原因所造成的。

　　如果尿混濁或排尿時會痛、有血尿出現時，要趕緊接受醫師的診斷。

❿排泄物與分泌物

【排泄物・分泌物】 女性常見的頻尿原因……膀胱炎的處理

❶多攝取水分

喝茶

大量的尿能夠沖洗膀胱

腎臟

❷不要憋尿

WC

❸增強體力

營養均衡的飲食

適度的運動

尿

尿

尿管

膀胱

尿道

尿

❶多攝取水分……一旦頻尿之後，不可以控制水分的攝取量。

攝取大量的水分，讓腎臟製造大量的尿液，利用新鮮的尿不斷沖洗膀胱，能夠得到很好的效果。

相反的，如果減少水分的攝取量，膀胱保持殘存舊尿的狀態，會使細菌繁殖，膀胱炎會更惡化。

❷不要憋尿……膀胱積存舊尿，細菌容易繁殖，所以，一旦產生尿意時要趕緊去上廁所，不要憋尿。

❸增強體力……身體抵抗力減退時，容易受到細菌感染，所以要攝取營養均衡的飲食，做適度的運動，增強體力。

【排泄物・分泌物】 男性常見的頻尿原因……前列腺肥大症的處理

❶排尿時壓迫下腹部……前列腺肥大時，會造成尿道狹窄，產生殘尿感。

因此，排尿時在下腹部膀胱附近（恥骨上方）稍加按壓，可減少殘尿的現象。

❷泡澡……利用泡澡消除下腹部的緊張，可較順利的排尿。但不要洗熱水澡，要洗溫水澡，慢慢的泡澡較有效。

除了泡澡之外，散步或做體操等輕微的運動，也能產生放鬆肌肉的效果。

❸放輕鬆

年紀大的男性，不管是誰或多或少都會有前列腺肥大的現象。

這時，如果每次排尿都很焦躁，會使症狀更加惡化。

要知道這只是生理現象，放鬆心情最重要。

此外，身邊的家人也要耐心的守護著他。

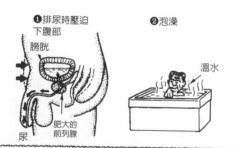

❶排尿時壓迫下腹部

膀胱

❷泡澡

溫水

肥大的前列腺

尿

【排泄物‧分泌物】 尿失禁

腹壓性尿失禁 ⋯⋯ **女性較多見**，圍繞尿道周圍的恥骨尾骨肌收縮性不良，咳嗽或大笑時容易有漏尿的情況，稱為尿失禁。

迫切性尿失禁 ⋯⋯ **老年人較多見**，因為膀胱過敏而無法儲存少量的尿，經常產生尿意導致尿失禁。

溢流性尿失禁 ⋯⋯ **前列腺肥大症**的人（男性），因為肥大的前列腺壓迫到尿道，使尿無去排泄乾淨殘留在膀胱內，殘留的尿慢慢漏出來，導致尿失禁。

反射性尿失禁 ⋯⋯ 由於**脊髓**的疾病，膀胱積存尿時無法產生尿意而反射性的漏尿。

全尿失禁 ⋯⋯ 由於**神經障礙**或手術等，導致**尿道括約肌損傷**，由腎臟進入膀胱的尿直接排出體外。

【排泄物‧分泌物】 在廁所排尿時非常方便的褲子

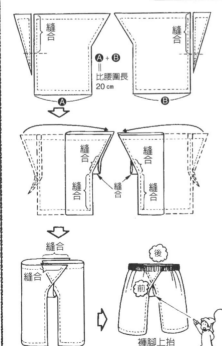

❶將布剪裁成如左圖所示的形狀，將三角形的布縫成臀部較寬鬆的形狀。

這時，布的下方（比大腿更下方的部分）不要縫合。

❷如圖所示，將布對摺完成褲腳的部分。

將三角形的布當中沒有縫合的部分摺返，按照圖的方式縫合。

接著，縫合股下的部分形成筒狀。

❸左右的布如圖所示，對合縫合腰身重疊的部分。

最後將腰身摺返2～3公分縫合，穿過鬆緊帶就完成了一條褲子。

這樣就可以輕易的打開，上廁所非常方便

❿排泄物與分泌物

【排泄物・分泌物】 尿失禁的處理法……幼兒

▶在內褲上下工夫

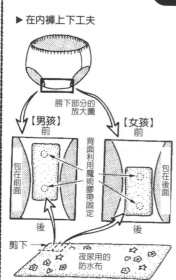

胯下部分的放大圖

【男孩】前
包在前面
背面利用魔術膠帶固定
後

【女孩】前
包在後面
後

剪下
夜尿用的防水布

★幾歲開始才會控制小便呢？

排尿的構造是由複雜的神經功能所造成的，因此，剛出生的嬰兒無法控制小便。

雖然有個人差，但大約在1歲半到2歲之間就能夠在事前告訴父母要排尿。

5歲過後就能夠自己去上廁所了。

★漏尿（尿失禁）的處理

但是，拿掉尿布之後，有時還是會出現漏尿的現象。

這時不要責罵他，只要告訴他：「下次要告訴媽媽想去上廁所哦！」給他安心感很重要。

外出時將利用防水布【注1】做成的墊子墊在內褲裡面，這樣就可以安心了【注2】。

【注1】最近有很多孩子們喜歡的色彩豔麗的防水布上市。
【注2】也可以使用市售的訓練褲。

---

⑩ 排泄物與分泌物

【排泄物・分泌物】 夜尿症的處理法

夜尿時 ➯ 有腎臟病等異常的情況
⬇
無異常時 → 努力治療疾病

❶睡前儘量少喝水

❷不要嚴厲責罵

❶半夜起來上廁所1次

❷沒有尿床的早上要稱讚他

★身體無異常的夜尿

因為疾病而引起的夜尿通常只佔一部分而已，大多都是身體無異常的夜尿。

這時在睡前儘量少喝水【注】，半夜要叫他起來上1次廁所。

一旦產生自卑感時就再也治不好，所以，不要嚴厲的責罵他，在他沒有尿床的早上也要稱讚他「很努力喔！」。

★疾病造成的夜尿

夜尿的情形在5歲過後還沒有好轉時，要去看醫師，檢查是否有泌尿系統的疾病或糖尿病、神經症等。

【注】成人不可以喝咖啡、紅茶、日本茶等具有很多咖啡因的飲料。

【排泄物‧分泌物】

腹壓性尿失禁的改善法……女性

▶ 側視圖

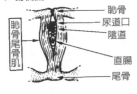

▶ 俯視圖

★何謂恥骨尾骨肌？

像夾著尿道口、陰道和直腸等似的，從恥骨到尾骨的肌肉稱爲恥骨尾骨肌。

這個肌肉緊度不良時，一旦咳嗽或笑的時候可能會漏尿，容易引起腹壓性尿失禁。

★鍛鍊恥骨尾骨肌的方法

排尿時突然停止排尿，藉以鍛鍊腹肌，這樣就可以強化恥骨尾骨肌【注】。

當這個肌肉的緊度增加時，就可以防止尿失禁。

馬桶

鍛鍊肌肉也能防止尿失禁喔！

【注】此外，緊縮肛門的運動也具有同樣的效果。

【排泄物‧分泌物】

尿失禁的處理法❶能自己上廁所時

❶容易去上廁所

W.C　扶手

不要有階梯

❷使用西式馬桶

扶手　蹲式廁所……要安裝輔助用具

❸外出時，若擔心可以使用尿布墊

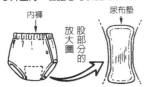

內褲　尿布墊　股部分的放大圖

❶**不要憋尿**……爲了能容易的去上廁所，在通道上要安裝扶手，儘量不要有階梯，或房間安排在離廁所較近的位置。

冬天要安裝加熱器保暖，夏天要充分換氣保持涼爽。

❷**使用西式馬桶**……與蹲式廁所相比，西式馬桶在排尿時不會增加足、腰的負擔，比較輕鬆。

如果使用蹲式馬桶，可以如左圖所示，利用空的木箱做輔助用具（輔助用具市面上也有販賣）。

❸**使用尿布墊**……因爲上廁所造成困擾而懶得去上廁所，經常窩在家裡也不好。

最近市面上有賣超薄、吸收力強的尿布墊，以及穿脫容易的內褲等，可加以巧妙利用，儘量外出和社會接觸【注】。

⑩ 排泄物與分泌物

【注】使用生理期所用的厚的衛生棉也是一種方法。

【排泄物‧分泌物】 尿的顏色與疾病的發現方法

		顏色	理　由
正常的情況	通常	淡黃色	由蛋白質生成的尿色素，以及由紅血球的屍體尿膽素體所形成的顏色。
	因水分量而改變	顏色變淡	一旦水分增加時，尿的濃度降低，因此顏色變淡。
		顏色變深	水分攝取太少，尿中固體成分比例增高而使顏色變深。
		混濁	水分攝取較少以及尿中老廢物凝縮、結晶化，而造成混濁。
	攝取的食品或藥物造成的影響	淡紅色	攝取太多的紅薑等，當成著色料的色素從尿細管分泌出來而變成淡紅色。
		黃色	維他命劑中所含維他命 B2 的顏色。
		綠色	鎮痛劑中所含的吲哚美洒辛的顏色。
		橘色	抗結核劑或肌肉弛緩劑的顏色。
		紅色	降血壓劑成分的顏色。

★尿是什麼顏色的？

健康人的尿是淡黃色的。

但因攝取水分的方式不同，尿的顏色也會有濃淡變化。此外，也有可能因為食品添加物或藥物的色素而改善顏色。

尿的顏色主要以黃褐色與紅色尿（血尿）時，則疑似為癌症等重大疾病。

這時要接受精密的檢查。

	顏色	原　因	可以考慮的疾病
異常時	黃褐色	膽汁色素（膽紅素）摻雜在尿液中	肝炎、肝硬化、肝癌
	紅色	由於腫瘤的血管破裂，紅血球混入尿液中（血尿）	膀胱癌
	紅色	由於尿路出血，尿液中摻雜紅血球（血尿）	尿結石
	白色混濁	在感染部繁殖的細菌，使得白血球混入尿液中	尿路的感染症　尿道炎

肝臟　胃　腎臟　腎臟　尿管　膀胱　尿道

⑩排泄物與分泌物

【排泄物‧分泌物】 # 尿量與疾病的發現方法

★**由尿量可以了解疾病嗎？**

健康人排泄的尿量也會因為水分的攝取量，或流汗的情形而有所不同。

必須注意的就是由於腎功能或荷爾蒙的障礙，使得尿量產生很大的變化。

如果尿量是平常的3分之1以下或超過一倍以上，則有可能是疾病。

		量（公升／1日）	原　　因
正常時	平常	1.2～1.5公升	
	生理現象	0.5～1.2公升	・沒有攝取太多水分。 ・在暑熱季節流汗較多。
		1.5～2.5公升	・攝取較多的水分。 ・寒冷季節排汗量減少。 ・攝取咖啡、啤酒等具有利尿作用的飲料。

尿具有排泄老廢物、調節體液中的水分與成分的重要作用。

體內物質的循環若要順暢，就要攝取足夠的水分【注】。

		量（公升／1日）	原　　因	可以考慮的疾病
異常時	尿量增加	4.0～10.0公升	因為抗利尿荷爾蒙的分泌受到阻礙。	尿崩症
		2.0～6.0公升	因為胰島素作用不足，使得血糖濃度上升造成的。	糖尿病
		2.0～5.0公升	由於細菌引起的發炎造成。	膀胱炎
	尿量減少	0.4公升以下	腎功能減退造成的。	腎不全
		0.4公升以下	輸尿管阻塞造成的。 膀胱出口阻塞造成的。	輸尿管結石 膀胱結石
		尿不易排出	尿路受到壓迫。	前列腺肥大症

腦
大腦
小腦
延腦
腦下垂體
脾臟
肝臟
腎臟　動脈　腎臟
尿管
輸尿管結石
膀胱　前列腺
膀胱結石
尿道

【注】健康人每天攝取的水分標準量約為1000～1200毫升。

【排泄物‧分泌物】

簡便的尿液測試

★利用尿試紙就可以進行檢查

在藥局販賣的檢查尿液用的試紙，可以用來在自家做簡單的測試，藉以測定有無疾病。

如檢查發現有異常值時，就必須請醫師進行精密的檢查及診斷。

檢查內容	正常值	異常值	可以考慮的疾病
尿糖的有無	陰性反應	陽性（懷孕時除外）	糖尿病
尿蛋白有無	陰性反應	陽性（一日1公克以上）	腎功能障礙
膽色素體反應	弱陽性（健康時也會排出少量）	陽性	肝功能障礙
潛血反應	陰性	陽性	腎炎 泌尿系統腫瘤 尿路結石 尿路感染症
PH值	6.0左右（弱酸性）	8.0以上（鹼性尿）	尿路感染症
		4.0以下（酸性尿）	發燒、動物性食品攝取太多

尿液產生酸甜味時，可判定為糖尿病

脾臟
肝臟
腎臟　動脈　腎臟
尿管
膀胱
尿道

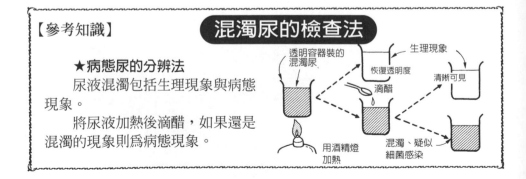

【參考知識】

混濁尿的檢查法

★病態尿的分辨法

尿液混濁包括生理現象與病態現象。

將尿液加熱後滴醋，如果還是混濁的現象則為病態現象。

透明容器裝的混濁尿
用酒精燈加熱
滴醋
恢復透明度
混濁、疑似細菌感染
生理現象
清晰可見

【排泄物‧分泌物】　大量排汗

生理現象
○激烈運動後
○胖子
○更年期的人
○精神緊張

這些都是身體的正常反應哦!!

疾病現象
○突眼性甲狀腺腫（甲狀腺機能亢進症）
○低血糖發作
○自律神經失調症
○發高燒的疾病（日本腦炎或肺炎等感染病）。老化現象

　　汗具有將體內積存的熱放射出來的作用。

　　因此，大量運動產生體熱後，必須大量排汗使多餘的熱散出。

　　此外，更年期的人和胖子也容易流汗。

　　因為精神緊張也可能會流汗（所謂的冒冷汗）。

　　這些都是生理的發汗，但也有一些病態的發汗，最具代表性的就是突眼性甲狀腺腫病造成的發汗。

　　此外，因為感染症而發高燒或低血糖發作、自律神經失調症也會造成發汗現象。

【排泄物‧分泌物】　汗較少的理由

　　汗是由位於皮膚的汗腺所分泌的，當汗腺功能不良時，有些人就不會流汗。

　　此外，老人的發汗量較少，肌膚較乾燥。

　　像是這些生理現象不需要特別的治療，但是老年人要注意尿量及水分的攝取方式，避免造成脫水狀態。

　　此外，因為粘液水腫、甲狀腺機能低下症、糖尿病、慢性腎炎等，也會導致發汗量減少。

　　下痢或嘔吐等體內水分大量流失的脫水狀態也不會流汗，因此要努力補充水分。

老年人容易引起脫水症狀，要注意哦!!

生理現象
○天生汗腺功能不良
○老化現象

病態現象
○粘液水腫（甲狀腺機能降低症）
○脫水症（下痢或嘔吐嚴重時）
○糖尿病
○慢性腎炎等

⓾ 排泄物與分泌物

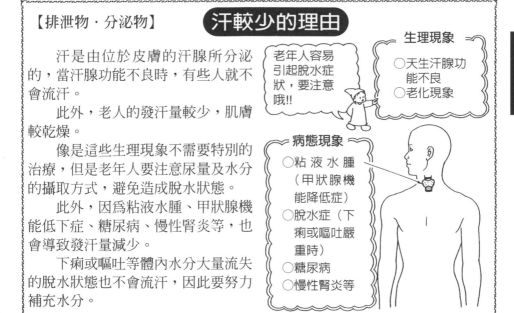

【排泄物‧分泌物】

流汗後的處理

❶勤於擦汗

汗若放任不管，
會因為氣化熱而
奪走身上的熱

❷水分補給

喝水或茶

大量流汗時要經常擦拭汗水。

因爲汗蒸發時會奪走身體的熱，因此會發冷。

這種情況稱爲氣化熱，1公克的汗會奪走539卡【注】的熱。

因爲感冒而發高燒時，退燒的證明就是會大量流汗，若不將汗擦掉，身體會發冷，因此過度使用體力，反而會使病情更惡化。

其次就是被當成汗奪走的水分一定要大量的補充，所以要多喝茶或清淡的湯。

劇烈運動後的流汗是生理現象，亦可按照上述的方法來處理。

若因疾病而發汗（突眼性甲狀腺腫病等），要先治療疾病，接受醫師的診斷。

因爲低血糖症發作而冒冷汗時，必須給予糖、寬鬆衣服，觀察情況。

這類的發作，如果是糖尿病而投與胰島素的人，要隨身攜帶糖或方糖，在空腹時，快要出現發作現象時，含在口中就能預防發作。

【低血糖發作的處理】

有意識時要給予糖分，鬆
開衣服靜躺

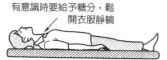

鬆開衣服躺在平坦的地方，並通知醫師

※接受胰島素治療時

方糖或糖

使血糖值上升，能夠
防止低血糖症發作

❿
排
泄
物
與
分
泌
物

【注】1公克的水溫度上升1度時所需的熱量稱為1卡。

【排泄物‧分泌物】 ## 汗較多時的處理

汗的分泌是由自律神經的功能來控制的。

因此具有個人差，有些人的體質較不容易流汗（汗腺功能不良等）。

更年期障礙或身心症等自律神經失調，造成不容易流汗的狀態。此外，粘液水腫等甲狀腺機能降低症也會使汗的分泌減少。因此，要和平常相比較，如果感覺流汗較少時，要接受醫師的診斷，若發現原因疾病就要加以治療。

此外，像脫水症發汗量也會減少，若是輕度時，只要補充足夠的水分，在涼快的地方休息一下就能夠復元了【注】。

【注】但因為程度和原因的不同，有時要接受醫師的治療。

【排泄物·分泌物】 ## 汗有顏色的色汗症

汗通常是透明無色的。

但是，因為某種原因，汗也有顏色，這種情況稱為**色汗症**。

【血汗症發生的構造】

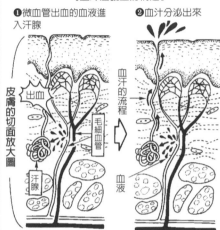

❶微血管出血的血液進入汗腺

❷血汗分泌出來

皮膚的切面放大圖

出血

血汗的流程

毛細血管

汗腺

血液

汗為紅色，立刻想到**血汗症**。

這和血友病相同，罹患出血性疾病時，微血管破裂出血進入汗腺所造成的。

進入汗腺的血液和汗一起排出體外而造成血汗（摻雜血的汗）。

此外，神經症或月經、瘧疾等細菌感染也會出現血汗。

除了血汗症之外，汗有可能變成綠色、藍色、黑色或紅色等，都是因為細菌感染造成的。

此外，因為藥的副作用也有可能使汗有顏色，像治療結核所使用的PAS會使汗變成黃色。

【排泄物·分泌物】 ## 色汗症的處理

汗有顏色要先請醫師檢查是否罹患了何種疾病。

如果有血友病等，要專心治療疾病。

神經症或歇斯底里等心因性造成的疾病，要接受心療內科或神經科的診治。

容易出現色汗的部位包括額頭、眼睛周圍、腋下、股間（參照右圖），有可能會沾染到衣物，只要用酒精或油擦掉即可【注】。

▶容易出現色汗的部位

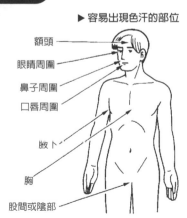

額頭

眼睛周圍

鼻子周圍

口唇周圍

腋下

胸

股間或陰部

【注】血液可以用雙氧水擦掉。

⓾排泄物與分泌物

【排泄物‧分泌物】

汗為什麼是臭的？

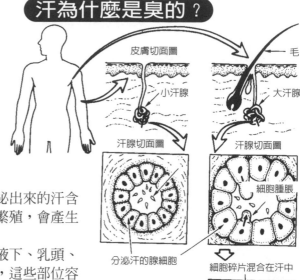

皮膚切面圖

毛

小汗腺

大汗腺

汗腺切面圖

汗腺切面圖

細胞腫脹

分泌汗的腺細胞

細胞碎片混合在汗中

分泌汗的汗腺分為大汗腺和小汗腺兩種。

小汗腺只分泌液體（汗），幾乎遍布全身。

而大汗腺則有一部分的腺細胞遭到破壞之後，混合汗一起從大汗腺分泌出來。

所以，從大汗腺分泌出來的汗含有固體成分，細菌容易繁殖，會產生強烈的臭味。

大汗腺大都分布在腋下、乳頭、下腹部、陰部等，因此，這些部位容易散發出強烈的臭味。

這類臭味出現在腋下時，就會形成「狐臭」。此外，汗的成分和尿相等，如果好幾天不洗澡而放置不管，也會出現氨臭味。

⑩排泄物與分泌物

【排泄物‧分泌物】

狐臭的處理

▶狐臭的處理

利用泡澡等保持清潔

經常更換內衣

使用市售的脫臭劑等

如果還是無效，只能夠藉由動手術來切除大汗腺

大汗腺發達的人比不發達的人容易有狐臭的煩惱。

狐臭的處理首先要保持腋下的清潔，防止細菌在汗中繁殖。

可以使用市售的脫臭劑等。

如果還是無效，只能動手術將皮膚連大汗腺一起去除，不過，可能會損傷神經。

【排泄物・分泌物】

盜汗的原因

在睡覺時，因為汗的分泌旺盛，任何人或多或少都會有盜汗的現象。

尤其是兒童，因為調節體溫的機能還不發達，因此容易產生盜汗的現象。

工作過度、疲勞積存時，或是生病過後特別容易出現盜汗現象。

盜汗會因為穿太厚的衣服或蓋厚棉被而更為嚴重。

此外，像梅雨季或夏天濕氣較多時，體溫調節不順暢也容易引起盜汗。

在感染感染症等發燒的疾病時，以及痊癒後也會出現盜汗現象。

中年以上的女性如果盜汗情況嚴重，則有可能是突眼性甲狀腺腫病等內分泌異常的現象。

此外，大家都知道結核和盜汗的關係，結核病患者也會出現嚴重的盜汗現象。

還有腦神經系統的異常或血壓的生理變動等，也會成為大量盜汗的原因。

【盜汗的各種原因】

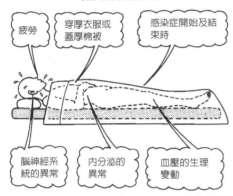

疲勞

穿厚衣服或蓋厚棉被

感染症開始及結束時

腦神經系統的異常

內分泌的異常

血壓的生理變動

【排泄物・分泌物】

盜汗的處理

盜汗的原因大都是因為蓋了太厚的被子，因此要蓋薄被睡覺。

這時，可以將腳或胸部露在被子外面，睡起來會更舒服（參照右下圖）。

在兒童剛睡覺時就可以採用這種蓋被法，等到熟睡之後再好好蓋上被子。

此外，也不要穿太厚的睡衣等，這樣也可以防止盜汗。

盜汗若放置不管，則會因氣化熱被奪走，身體會發冷。所以，一定要擦汗，被汗打濕的睡衣一定要更換。

【盜汗嚴重時的處理法】

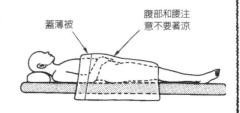

蓋薄被

腹部和腰注意不要著涼

⑩ 排泄物與分泌物

【排泄物・分泌物】 痰

呼吸道的切面圖

❶呼吸時，小灰塵或細菌等，會和空氣一起吸入體內。

❷像這類的「垃圾」被呼吸道粘膜所產生的粘液抓著、包圍住。

❸藉著覆蓋在呼吸道內側的纖毛的運動，不斷的將其運送到外部，通常會吞下到胃中消化掉，但量較多時就會成為痰，從口吐到體外。

【排泄物・分泌物】 由痰的顏色和狀態來了解疾病

痰的狀況	可以考慮的疾病
透明無色的痰	輕度呼吸道發炎（感冒等）
粘痰	支氣管炎
帶有泡沫、淡桃色的痰	肺水腫、心臟性氣喘
鏽色的痰	肺炎
膿痰	肺或氣管的化膿
較濃且帶有酸甜氣味的痰	肺壞疽
帶有臭味的痰	肺化膿症
最初是膿狀，接著分離為泡沫、水與沈澱物	肺化膿症、支氣管擴張症

鼻腔

咽頭

氣管

肺

支氣管

心臟

❿排泄物與分泌物

【排泄物・分泌物】 血 痰 【注1】

痰中摻雜血，稱為血痰。血液看起來像小點或條紋狀。

血痰的原因疾病包括肺結核、支氣管擴張症、肺壞疽、肺吸蟲症、肺炎、肺癌等，若咳嗽一直無法痊癒或出現血痰時，一定要去看醫師。

這時，可以將痰裝在有蓋子的容器中帶去給醫師看。

若出現頑固的咳嗽和血痰，要盡早接受醫師的診治【注2】。

【注1】如果是來自呼吸器官的出血，會以血痰的方式出現，或是有喀痰的情況。而來自消化器官的出血稱為吐血，會摻雜胃的內容物。
【注2】肺癌的初期症狀會有頑固的咳嗽症狀。

第 11 章
心理疾病

【心理疾病】

心理疾病的分辨法

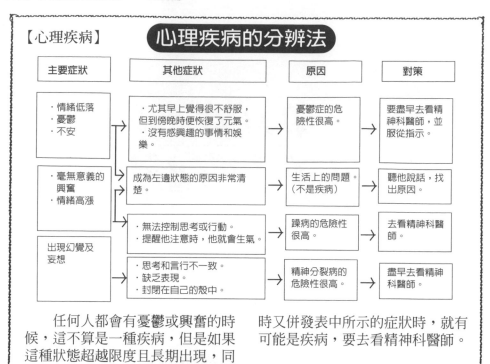

主要症狀	其他症狀	原因	對策
·情緒低落 ·憂鬱 ·不安	·尤其早上覺得很不舒服，但到傍晚時便恢復了元氣。 ·沒有感興趣的事情和娛樂。	憂鬱症的危險性很高。	要盡早去看精神科醫師，並服從指示。
·毫無意義的興奮 ·情緒高漲	成為左邊狀態的原因非常清楚。	生活上的問題。（不是疾病）	聽他說話，找出原因。
出現幻覺及妄想	·無法控制思考或行動。 ·提醒他注意時，他就會生氣。	躁病的危險性很高。	去看精神科醫師。
	·思考和言行不一致。 ·缺乏表現。 ·封閉在自己的殼中。	精神分裂病的危險性很高。	盡早去看精神科醫師。

　　任何人都會有憂鬱或興奮的時候，這不算是一種疾病，但是如果這種狀態超越限度且長期出現，同時又併發表中所示的症狀時，就有可能是疾病，要去看精神科醫師。

【心理疾病】

心理疾病患者的看護

　　鬱病、躁病、精神分裂病總稱為精神病。一般人對精神病都有一種偏見，認為是「可怕的不治之症」，但事實上，這是一種只要治療就可以痊癒的疾病，大家一定要有這一層認識。

★鬱病患者的看護

　　(1)意識到疾病的存在……鬱病患者通常都會將一切歸咎於自己的失敗或懶惰，所以，一定要對他說：「這是因為疾病的關係，並不是你有問題。」向他說明只要治療就可以痊癒。

　　(2)不要隨便鼓勵他……我們會很自然的想去鼓勵情緒低落的人，但是，如果去鼓勵鬱病患者，會對他造成負擔，與其鼓勵他還不如聽他說話、安慰他。

　　(3)預防自殺……擁有強烈自殺欲望的患者很多，因此要灌輸他不可以自殺的觀念，同時要注意患者心境上的變化。

★躁病、精神分裂病患者的看護

　　這類疾病的患者大多不自覺到自己生病了，周遭的人要盡早帶他去看精神科醫師。

　　尤其是精神分裂病，只要早期治療就能痊癒，若放任不管一旦惡化了，這時就很難治療了。

【心理疾病】

神經症患者的看護

★形成神經症的構造（模型圖）

普通人能靠自己的力量消除不安 — 危險狀態 — 成為關鍵的心理體驗 — 出現神經症的症狀

不安

因為環境等造成壓力的蓄積

★神經症主要的症種類

(1)恐懼症……對於特定的狀況和對象產生恐懼心。
(2)不安神經症……引起不安發作。
(3)強迫神經症……產生強迫觀念，反覆進行相同的行為。
(4)心氣症……相信自己有病。
(5)身心症……心理引起身體的疾病。

★何謂神經症？

　　神經症是蓄積了自己無法消除的不安時而引起的疾病。除了上面所列舉的種類之外，還有很多種。

　　神經症是只要治療就可以完全痊癒，而且也是靠自己的力量可以克服的疾病。

★如何看護【注】

　　(1)儘量聽他說話……神經症的主要原因是「不安」，因此，儘量跟他說話，找出神經症的原因。只要明白社會生活上的問題就能消除極大的不安。

　　(2)讓他接受自己的狀態……神經症的患者雖然知道自己的狀態異常，但卻不願意接受，因此反而感到不安，造成惡性循環。因此，一定要讓他接受自己的狀態，如此才能減輕症狀。

【注】症狀嚴重時，一定要去看精神科醫師或心理醫師。

【心理疾病】

拒絕上學者的看護【注1】

★拒絕上學是什麼？

　　拒絕上學是指沒有身體上、精神上的障礙，卻因為某種原因而不去上學的狀態。

　　拒絕上學的原因因人而異，可能是一些要因重疊出現，所以很難推定出原因來。

★如何看護？

　　(1)不要讓他推諉責任……有拒絕上學兒的家庭我們經常會說「母親的教養不好」或「偷懶不上學」或「這是學校的責任」，具有這種推諉責任的傾向。但是拒絕上學並不是任何人的責任，必須靠父母、學校的老師、心理顧問以及周遭的人互助合作，來應付拒絕上學兒。

　　(2)不要勉強他去上學【注2】……拒絕上學不是因為不想去學校，而是「不能去上學」，所以，如果勉強他去上學反而會使情況惡化，一定要等到他自己願意去上學才行。

⓫ 心理疾病

【注1】最近因為不想去上學而不去上學（稱為怠學）的人，或親子都認為不用去學校而不去上學的人，採用「不上學」的名稱來加以區別。
【注2】對應方式有贊否兩派的理論，有人建議要積極讓他去上學。所以，到底哪一種想法較好不能一概而論，實在是很難判斷。

【心理疾病】

攝食障礙者的看護

★攝食障礙（拒食症、過食症也包括在內）的背景

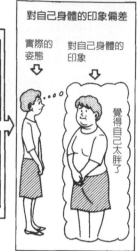

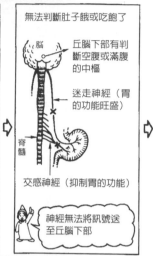

家庭環境	從嬰幼兒時期開始的親子關係、人際關係的偏差體驗。
社會的背景	◆別人認為應該要減肥了。◆身處於只要有錢就能買到食物的豐富社會。
心理的關鍵	◆在學校有人說他胖。◆與親人分離

對自己身體的印象偏差

實際的姿態　　對自己身體的印象

覺得自己太胖了

無法判斷肚子餓或吃飽了

腦

丘腦下部有判斷空腹或滿腹的中樞

迷走神經（胃的功能旺盛）

脊髓

交感神經（抑制胃的功能）

神經無法將訊號送至丘腦下部

形成拒食症、過食症

★何謂攝食障礙？

攝食障礙是指飲食行動異常的身心症，包括幾乎什麼都不吃、極端消瘦的神經性食慾不振症（拒食症），以及吃了大量的東西卻會反覆嘔吐的過食症。

攝食障礙並沒有明確的原因，青春期的女子較多見，可能是想瘦的願望或人際關係有了問題等，具有這些共通的特徵。

★如何看護？

(1)最好去看醫師或心理專家……攝食障礙的患者大多不認為自己有病，若放任不管可能會死亡。周遭的人察覺到異常時，要立刻帶他去看醫師或心理顧問。攝食障礙如果不接受專家的治療，將很難痊癒。

〔參考〕神經性食慾不振的診斷基準（厚生省特定疾病　神經性食欲不振研究調查班）
1.消瘦程度在標準體重的20%以上
2.飲食行動異常（大吃大喝、偷吃）
3.對於體重或體型的錯誤認識（對於體重的增加產生極端的恐懼感等）
4.發症年齡：30歲以下
5.（如果是女性）無月經
6.並沒有成為消瘦原因的器質性疾病存在

(2)全家人一起參與治療……攝食障礙的一大原因就是人際關係的偏差，所以，要全家人一起參與治療，努力為他建立一個新的人際關係。

【心理疾病】 晚上睡不好的人的看護

★由症狀、狀態來看失眠的原因與解決方法

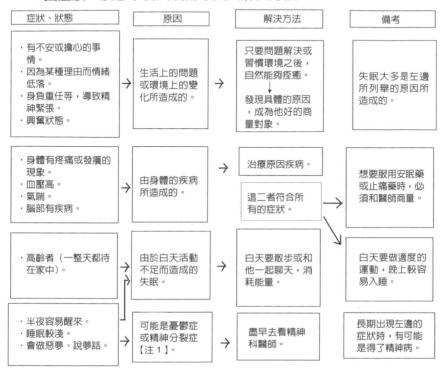

症狀、狀態	原因	解決方法	備考
·有不安或擔心的事情。 ·因為某種理由而情緒低落。 ·身負重任等，導致精神緊張。 ·興奮狀態。	生活上的問題或環境上的變化所造成的。	只要問題解決或習慣環境之後，自然能夠痊癒。 發現具體的原因，成為他好的商量對象。	失眠大多是左邊所列舉的原因所造成的。
·身體有疼痛或發癢的現象。 ·血壓高。 ·氣喘。 ·腦部有疾病。	由身體的疾病所造成的。	治療原因疾病。 這二者符合所有的症狀。	想要服用安眠藥或止痛藥時，必須和醫師商量。
·高齡者（一整天都待在家中）。	由於白天活動不足而造成的失眠。	白天要散步或和他一起聊天，消耗能量。	白天要做適度的運動，晚上較容易入睡。
·半夜容易醒來。 ·睡眠較淺。 ·會做惡夢、說夢話。	可能是憂鬱症或精神分裂症【注1】。	盡早去看精神科醫師。	長期出現左邊的症狀時，有可能是得了精神病。

★失眠時該怎麼辦？

除了上述的原因之外，像壓力等也會導致失眠。這時最重要的就是不要因為睡不著而感到焦躁，要趕緊採取一些對策才是。

(1)就寢前……必須從白天的生活開始轉換心情。吃飯、洗澡、談話、做輕微的運動等，使心情平靜下來。

(2)上床後……不要因為「睡不著第二天就很難過」等的原因而讓自己焦躁。躺下來、閉上眼睛就能取得足夠的休息，或是看看書等待睡意來臨。

(3)使用安眠藥時……真的睡不著時，可以使用安眠藥，但經常使用安眠藥會產生依賴性，且會有副作用，如果用量錯誤可能致死，所以，一定要和醫師商量，遵從指示才可使用【注2】。

⑪ 心理疾病

【注1】憂鬱症或精神分裂症可能併發其他各種症狀（參照前面的敘述）。
【注2】孕婦或特定疾病患者，有很多不可以使用安眠藥。

【心理疾病】

老年痴呆症患者的看護

★老年疾呆症的種類和特徵

1.腦血管性痴呆

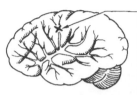

血管出現異常，導致血液無法循環使得腦部壞死（稱爲梗塞巢）。

▶ 症狀突然發生。

▶ 因爲腦壞死的部分而造成異常的痴呆症狀。

▶ 較能夠保持判斷力、理解力和一般常識。

2.早老型痴呆

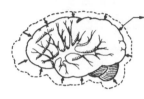

全部的腦萎縮、神經原纖維變化及出現老人斑，神經無法發揮正常功能。

▶ 所有的能力慢慢減退。

▶ 人格的崩壞非常顯著，無法意識到自己生病了。

▶ 最後成爲臥病在床的狀態，然後死亡。

★痴呆的代表症狀及看護的方法【注】

代表的症狀	看護的方法
吃過東西後又催促要吃東西。	不要否認地對他說：「剛剛才吃過！」可以讓他再吃一點東西。
將異物放入口中或吞下。	與食物類似東西不要放在他看得到的地方。
玩弄大便或吃大便。	一定要陪他上廁所，排便完後立刻沖掉。
半夜大叫或來回走動。	白天讓他多散步，晚上比較好睡。◆夜間將房間完全弄暗，避免不安。
記不住別人的名字及自己所在的場所。	要讓他確認數次「我是○○」。◆每天都要過正常規律的生活。
經常說「想死」。	要聽他說話，讓他和必要的人說話。

★看護的心態

(1)了解這是一種疾病……痴呆患者的行動，大多讓人很難了解，導致看護者身心俱疲，所以，一定要了解「這是疾病，沒有辦法」來接受患者。

(2)一週休息一次……痴呆患者的看護時間很長，幾乎沒有結束的時候，所以看護者會很累，可能會出現失眠、食欲不振的症狀。因此，一定要定期加入其他家族或公家機關輔助的看護計畫，並努力休息、轉換心情。

⑪心理疾病

【注】關於患者無法自己進行日常生活的基本動作的看護，請參照第2章、第3章。

【心理疾病】

身心症者的看護

★身心症的構造

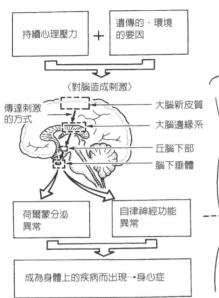

持續心理壓力 ＋ 遺傳的‧環境的要因

〈對腦造成刺激〉

傳達刺激的方式

大腦新皮質
大腦邊緣系
丘腦下部
腦下垂體

荷爾蒙分泌異常　　自律神經功能異常

成為身體上的疾病而出現→身心症

★身心症的主要症狀

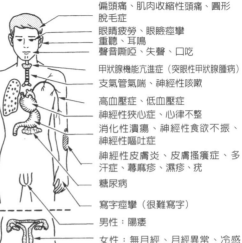

偏頭痛、肌肉收縮性頭痛、圓形脫毛症
眼睛疲勞、眼瞼痙攣
重聽、耳鳴
聲音嘶啞、失聲、口吃
甲狀腺機能亢進症（突眼性甲狀腺腫病）
支氣管氣喘、神經性咳嗽
高血壓症、低血壓症
神經性狹心症、心律不整
消化性潰瘍、神經性食欲不振、神經性嘔吐症
神經性皮膚炎、皮膚搔癢症、多汗症、蕁麻疹、濕疹、疣
糖尿病
寫字痙攣（很難寫字）
男性：陽痿
女性：無月經、月經異常、冷感症、不孕症、更年期障礙
其他症狀……自律神經失調症、慢性關節風濕等

★何謂身心症？

　　身心症是指與精神問題有密切關係的身體方面的疾病，主要症狀如右上圖所示，這是因為壓力無法順利排除所蓄積下來而產生的症狀。

　　這些症狀並不只限於出現在身心症患者的身上。所以，必須先進行身體的治療，若無法治癒則要懷疑可能是身心症。

★該如何看護？

　　身心症最大的原因就是壓力。但是，在現代的社會生活中想要不感覺到壓力是不可能的，所以要盡早消除壓力，避免壓力蓄積，而這都需要周圍的人幫忙。

❶**過正常的飲食生活**……每天都要攝取營養均衡的飲食，要規律正確的吃早、午、晚餐，若飲食生活不規律，則壓力無法消除。

❷**要有足夠的睡眠**……睡眠不足會使壓力大量積存，若實在睡不著，要盡早看醫師，找尋能夠睡得好的對策。

❸**轉換心情**……消除壓力最需要的就是「休息」。一週一次，和周圍的人一起努力，使其不要忘記日常生活的事情。

⑪
心理疾病

第 12 章
高齡者的看護

【高齡者】

一旦老化，容易造成感染

★免疫的種類

身體對於侵入體內的病原體（抗原）會製造出抗體封住毒素，這個反應稱為免疫反應，主要是由淋巴球和白血球等來進行【注】。

❶**液性免疫**……由骨髓製造出的B淋巴球產生抗體。

❷**細胞性免疫**……由胸腺製造出的T淋巴球本身形成抗體，產生免疫反應。

★老化與免疫機能降低

產生T淋巴球的胸腺在青春期時達到顛峰，然後持縮萎縮。因此，細胞性免疫會隨著年齡的增長而減弱。

所以，老年人無法抵擋感染，可能會因為普通的感冒而引起肺炎。

胸腺

血管

心臟

骨髓內的放大圖

胸腺內的放大圖

B淋巴球的生成→❶液性免疫

B淋巴球

白血球　抗體

病原體

T淋巴球的生成→❷細胞性免疫

T淋巴球

抓住了

【注】關於免疫反應請參照《有趣的身體探險》第八章。

【高齡者】

老化與自體免疫疾病

◆普通的情形

白血球拜託你了

病原體

我來了

排除異物

這樣我就安心了

正常的免疫反應

◆異常的免疫反應

抓住你了

我是同志！！

損傷自己的組織

太過分了……

發生自體免疫疾病

★分辨自己與非自己的力量

人的身體天生就具有一些防禦機能及排擠異物的能力（免疫反應）。

但是，因為某種理由，免疫反應發生問題，將自己的組織視為異物而加以攻擊，這種疾病稱為自體免疫疾病。

★隨著老化而逐漸增加的自體免疫疾病

老化對於免疫反應成內分泌系統的機能會造成一些障礙。

尤其是前述的自體免疫疾病會隨著年齡的增長而提高發病率（自體免疫疾病例：慢性關節風濕、橋本病等【注】）。

【注】關於這個疾病請參閱《身體的構造全書——疾病篇》。

高齡者容易居住的住宅

【高齡者】

注意以下2點。首先要防止跌倒事故的發生。

其次，讓他能過自己的生活，讓他們自由活動。

❶從玄關到馬路要設置斜坡，這樣能減輕負擔而且也能夠輕鬆的外出。

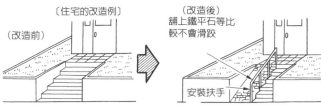

〔住宅的改造例〕

（改造前）

（改造後）
鋪上鐵平石等比較不會滑跤

安裝扶手

❷玄關

在玄關處擺張椅子，這樣不用蹲下也能穿脫鞋子了。此外，爲了防止老人失去平衡，一定要安置扶手。

安裝扶手

擺椅子

降低高度比較好，如果能安設置斜坡就更好了

❸地面的階梯

即使是小階梯也會成爲摔跤的原因，所以要使用板子或斜坡等，儘量不要使用階梯。

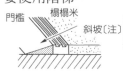

走廊　門檻　榻榻米

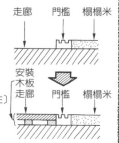

安裝木板
走廊　門檻　榻榻米

門檻

榻榻米

斜坡〔注〕

❹廁所

西式馬桶較容易使用，若使用蹲式馬桶則需要輔助馬桶。

蹲式廁所

扶手

輔助馬桶

保溫馬桶
馬桶蓋

保溫墊

❺浴室

爲了能夠安全的泡澡，一定要使用止滑墊。

浴缸太深，無法跨越

容易滑跤跌倒

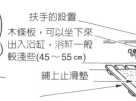

（改造前）
從浴缸走出來時，容易失去平衡

扶手的設置

木條板，可以坐下來出入浴缸，浴缸一般較淺些(45～55cm)

鋪上止滑墊

木條板容易跨越浴缸

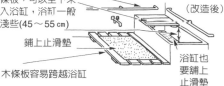

（改造後）

浴缸也要鋪上止滑墊

⑫高齡者的看護

【注】斜坡可以使用市售消除階梯的木片來鋪。

【高齡者】 骨質疏鬆症的預防及其對策

★何謂骨質疏鬆症？

在骨中出現空洞的疾病稱爲骨質疏鬆症。

這是老年人較多見的疾病，容易骨折，稍微跌倒都可能成爲「臥病在床」的原因。

★骨質疏鬆症的預防方法

①利用飲食充分攝取鈣質……鈣是骨的主要成分，一旦缺乏時，會成爲骨質疏鬆症的一大原因。

乳製品中所含的鈣質爲良質鈣，所以要攝取牛乳和優酪乳等。

②充分照射陽光……要強健骨骼需要維他命D，而日光具有使維他命D活性化的作用。

只要過著正常的飲常生活就不會缺乏維他命D，因此，適度的曬太陽、保持房間的「亮度」都很重要。

★罹患骨質疏鬆症該怎麼辦？

一旦罹患骨質疏鬆症便容易骨折，所以在房間中儘量不要有階梯，以免跌倒【注】。

健康骨的切面圖

骨質
空洞部
骨質

骨質疏鬆症

空洞部

【注】關於高齡者容易居住的住宅請參照前面的敍述。

【參考知識】 攝取過多的鈣質會導致動脈硬化嗎？

★補充缺乏鈣質的構造

經由食物攝取的鈣質一旦缺乏時，副甲狀腺內分泌器官就會分泌副甲狀腺荷爾蒙。

這個荷爾蒙會對骨骼組織發揮作用，將骨中的鈣質釋放到血液中。

釋放出來的鈣沈著在動脈中，就會引起動脈硬化。

因此，飲食所攝取的鈣和引起動脈硬化的鈣是「不同的東西」。

★鈣的一天需要量

成人約600毫克，也是國人容易缺乏的礦物質。

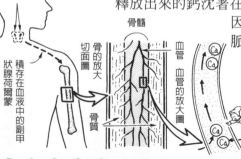

經由飲食攝取的鈣質一旦缺乏時……

副甲狀腺

積存在血液中的副甲狀腺荷爾蒙

骨的切面圖放大

骨髓

血管 血管的放大圖

骨質

藉著荷爾蒙的作用，使鈣質釋放到血液中。

⑫高齡者的看護

第13章
女性疾病的看護

【女性】 白　帶

▶ 健康的狀態

輸卵管　卵巢　大腸　子宮　陰道

分泌物不會流出陰道外

　　健康女性的陰道和子宮腺會分泌粘液。

　　這個粘液具有殺菌作用，防止陰道感染。

　　但是，這個粘液只會滋潤陰道內壁，不會流出陰道外。

▶ 生理的白帶

月經前、青春期

無色透明、無雜菌

　　青春期的女性或月經前的女性，由於女性荷爾蒙的作用，使陰道外也會出現分泌物，這就稱為生理的白帶。

　　生理的白帶大多無臭透明，不需要特別的處理。

▶ 病態白帶

輸卵管炎　子宮內膜炎　外陰炎　陰道炎或陰道內的異物

帶有臭味及顏色

　　陰道或子宮受到雜菌感染、陰道內出現異物時就會產生白帶。

▶ 處理法……這時的量較多，顏色混濁且有臭味，因此，必須泡澡換內褲，保持外陰部的清潔，並接受醫師的指示使用軟膏或陰道塞劑【注】。

【注】治療時，若是已婚者，通常需要連丈夫一併接受治療。

【女性】 陰道塞劑的插入法

❶確認子宮口

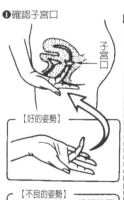

子宮口

【好的姿勢】

【不良的姿勢】　手指能夠深指入恥骨附近

❷插入塞劑，跪下來較容易插入

放大圖

◆用中指插入　藥

◆用食指與中指插入　藥

【插入後的狀態】

　　❶確認子宮口位置……插入陰道塞劑時，必須要使塞劑到達陰道深處子宮口（子宮入口）的位置才行。

　　首先，如圖所示，手指伸入確認子宮口的深度。

　　❷插入陰道塞劑……跪下或單膝直立較容易插入。

　　如圖所示，可以使用1根手指或2根手指，選擇適合自己的方式。

【參考】不只是陰道塞劑，連避孕用的軟片也可以使用這種方法放入。

【女性】 更年期【注】

★更年期從幾歲開始？

隨著年齡增長，卵巢機能衰退時，卵巢荷爾蒙的分泌量減少，最後月經停止（停經）。

從有月經可以生殖的時期轉移到停經期的這段期間，就稱為更年期，大約在40～50歲之間較多見。

★更年期會發生哪些事情？

其中有很大的個人差，不過，一般而言，因為內分泌的異常，對身心都會造成影響。

【注】更年期一般是指發生在女性身上的情況。

【女性】 更年期與荷爾蒙分泌的關係

★成長與荷爾蒙的關係

幼兒時期卵巢刺激荷爾蒙（由腦下垂體分泌），或卵泡荷爾蒙（由卵巢分泌），幾乎都不會分泌出來。

但是，青春期之後，卵巢刺激荷爾蒙分泌增加，卵巢成熟。

卵泡荷爾蒙等的分泌量也增加，月經開始，迎向成熟期。

★更年期的荷爾蒙分泌

但是，卵巢老化後，卵泡荷爾蒙的分泌量會減少。

雖然腦下垂體想要分泌大量的卵巢荷爾蒙及卵泡刺激荷爾蒙，但是分泌量卻無法增加，導致荷爾蒙平衡異常。

▶隨著女性的成長，荷爾蒙量的變化

卵巢刺激荷爾蒙的分泌量

刺激荷爾蒙增加……

幼兒期　青春期　成熟期　更年期　老年期

卵巢的大小

卵巢逐漸變大　最大的大小

約1～2g　約5～8g　約9～10g　約5～6g　約4g

卵泡荷爾蒙的分泌量

卵泡荷爾蒙的分泌量增加

幼兒期　青春期　成熟期　更年期　老年期

【更年期的荷爾蒙分泌】

腦　腦下垂體

隨著血流的荷爾蒙的流程

咦，即使送出刺激荷爾蒙也無效嗎？

卵巢　子宮

即使給予再多的刺激，都已經沒有製造荷爾蒙的能力了。

⑬女性疾病的看護

【女性】

消除更年期障礙的構造

★各種更年期障礙

更年期的症狀主要是由於卵巢機能減退造成的。

首先是卵巢的荷爾蒙分泌不足（參照前頁）。其次是甲狀腺和副腎皮質所分泌的荷爾蒙平衡失調。

接著，間腦的丘腦和丘腦下部的功能也受到阻礙，這裡所支配的自律神經功能就會紊亂。

結果，臉發燙、頭暈、肩膀痠痛、神經過敏等身體機能低落的症狀都會出現。

此外，更年期是女性從成熟期轉移到老年期的過渡期，因此，對於女性機能喪失的寂寞感、焦躁感等，會導致精神不穩定。

★更年期的消除

這些障礙藉著由副腎皮質所分泌的荷爾蒙的功能，使自律神經穩定，荷爾蒙達到平衡之後便會消失。

【更年期身體的變化】

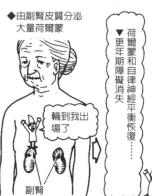

腦

下垂體

丘腦下部

無法控制自律神經……

沒有製造荷爾蒙的力量……

卵巢

更年期障礙的發生

但是，經過幾年之後終於……

◆由副腎皮質分泌大量荷爾蒙

輪到我出場了

副腎

▼荷爾蒙和自律神經平衡恢復……更年期障礙消失

卵巢的大小到了更年期時會急速縮小

【參考】副腎大約在30～40歲的維持最大的大小，然後逐漸縮小。

【女性】

巧妙度過更年期的方法

★更年期的處理法

迎向停經期的女性，一半以上都會有一些更年期障礙的症狀出現。

更年期是大家都必須通過的「關卡」，是一種生理現象。

荷爾蒙會逐漸恢復平衡，所有不舒服的症狀都會消失。所以，要有一種「暫時忍耐一陣子」的想法，這是很重要的。而其治療法則是投與荷爾蒙療法。

★精神症狀的消除法

更年期障礙精神要素造成極大的影響，這時使用荷爾蒙療法根本無效。周遭的人也要幫忙，自己要做輕微的運動、擁有一些興趣，較容易轉換心情。

⑬ 女性疾病的看護

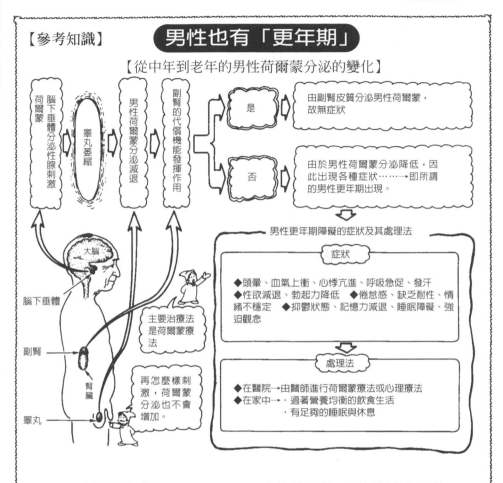

【參考知識】 男性也有「更年期」

【從中年到老年的男性荷爾蒙分泌的變化】

荷爾蒙 腦下垂體分泌性腺刺激 → 睪丸萎縮 → 男性荷爾蒙分泌減退 → 副腎的代償機能發揮作用

是 → 由副腎皮質分泌男性荷爾蒙，故無症狀

否 → 由於男性荷爾蒙分泌降低，因此出現各種症狀……→即所謂的男性更年期出現。

男性更年期障礙的症狀及其處理法

症狀

◆頭暈、血氣上衝、心悸亢進、呼吸急促、發汗 ◆性欲減退、勃起力降低 ◆倦怠感、缺乏耐性、情緒不穩定 ◆抑鬱狀態、記憶力減退、睡眠障礙、強迫觀念

處理法

◆在醫院→由醫師進行荷爾蒙療法或心理療法
◆在家中‧‧過著營養均衡的飲食生活
　　　　‧有足夠的睡眠與休息

大腦

腦下垂體

副腎

腎臟

睪丸

主要治療法是荷爾蒙療法

再怎麼樣刺激，荷爾蒙分泌也不會增加。

★男性的更年期

男性和女性一樣，在過了中年期之後會出現各種性機能減退的現象。

主要的原因是男性的腺睪萎縮，男性荷爾蒙的分泌降低而造成的。

因此，雖然由下垂體大量的分泌刺激睪丸的荷爾蒙(LH)，但是男性荷爾蒙還是不會增加。

但是，荷爾蒙失調可藉由副腎分泌荷爾蒙，所以通常無症狀。

可是，有時副腎的代償機能無法發揮作用，而產生倦怠感、性欲減退等，由荷爾蒙異常所產生的症狀，這就是所謂的男性更年期障礙。

★減輕症狀的方法

不要被世間的藥物所迷惑，要充分休息，過規律正常的生活【注】。

【注】也可以由醫師進行荷爾蒙療法。

⑬女性疾病的看護

更年期（女性）肥胖的處理法

【女性】

【更年期女性的身體變化】

❶由於副腎性荷爾蒙增加，脂肪容易沈著。

❷與年輕時相比，基礎代謝量減少，但攝取的熱量卻維持原狀→肥胖發生

肥胖發生

血管

心臟

副腎

荷爾蒙隨著血液循環

腎臟 腎臟

放大圖

副腎皮質荷爾蒙 脂肪

脂肪沈著

組織 血管 組織

熱

尤其是下腹部和腰部周圍……

大腿也容易有脂肪附著

❶ **脂肪沉著……**
更年期增加的副腎性荷爾蒙會促進脂肪沈著。

❷ **熱量攝取過剩**
…… 基礎代謝量減少，熱量的使用量減少，因此造成熱量攝取過剩。

❸ **肥胖發生……**
更年期是容易發胖的時期，因此要過著營養均衡的飲食生活【注】。

【注】控制熱量的攝取，規律正常的飲食，還要做適度的運動。

女性疾病的看護

分辨更年期障礙與其他疾病的方法

【女性】

★更年期容易發生的疾病

更年期障礙是一種「生理現象」，經過一段時間等到荷爾蒙平衡調整之後，就會自動消失。

但是，更年期也是容易發生糖尿病、動脈硬化等成人病或癌症的時期。由這些疾病所產生的症狀不能單純的認為是更年期的障礙。

★發現疾病的方法【注】

更年期時可能認為是更年期障礙而忽略掉一些重要的症狀，所以一定要定期健康檢查。

【注】即使認為是更年期障礙，但因程度和持續的時間不同，必須接受正確的判斷。

產褥期的心理準備

【女性】

★剛生產過後的注意事項

生產是將一個生命送到這個世界的重責大任，對於女性的身體當然會造成極大的負擔。

因此，生產結束後要靜養，擁有足夠的睡眠是很重要的。

同時要攝取容易消化、營養的食物。

★生產後的生活

生產後，在疲勞還沒有完全消退，體力尚未完全恢復的這段期間，稱為產褥期。

產後大約 2 週內儘量避免泡澡，只能用淋浴或擦拭的方式。

此外，遵從醫師的指示，在不勉強的情況下，進行左圖所示的產後體操。

因個人的體力和家庭環境的不同而每個人的情況有所不同，不過，大概在幾週之內最好不要勉強做家事。

◆各種產後體操

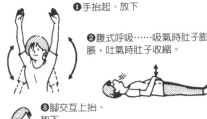

❶手抬起、放下

❷腹式呼吸……吸氣時肚子膨脹，吐氣時肚子收縮。

❸腳交互上抬、放下

❹鍛鍊腹肌

授乳中不容易懷孕是真的嗎？

【女性】

★授乳對女性造成的效果

讓嬰兒吸吮母乳會刺激乳頭。當刺激傳達到丘腦下部時，腦下垂體就會發出指令而分泌催乳激素荷爾蒙。

催乳激素荷爾蒙與其他的荷爾蒙互相合作，促進乳汁的分泌，使嬰兒能夠吸吮到大量的母乳。

但是，催乳激素荷爾蒙會抑制刺激卵巢的荷爾蒙作用，因此，量多時就不容易排卵，結果，沒有月經就不容易懷孕。

★用母乳餵哺嬰兒的效果

母乳中含有免疫物質，能夠防止嬰兒受到感染。

此外，與人工乳不同的是母乳溫度適中、非常衛生，可供應給嬰兒【注】。

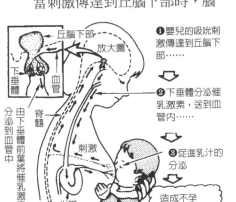

放大圖

丘腦下部

下垂體

血管

脊髓

由下垂體前葉將催乳激素

分泌到血管中

刺激

心臟

❶嬰兒的吸吮刺激傳達到丘腦下部……

❷下垂體分泌催乳激素，送到血管內……

❸促進乳汁的分泌

造成不孕

⓭女性疾病的看護

【注】當然，乳頭的衛生和母體的健康等，也必須充分注意。

第14章
復　健

【基本知識】 復 健

★復健的效果

⑴神經的再生〔模型圖〕

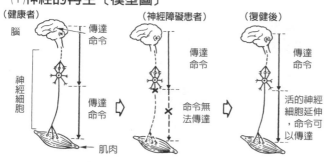

（健康者）
腦
傳達命令
神經細胞
傳達命令
傳達命令
肌肉

（神經障礙患者）
傳達命令
命令無法傳達

（復健後）
傳達命令
活的神經細胞延伸，命令可以傳達

⑵血管的再生〔模型圖〕

（健康者）
血液正常流動

（血管障礙患者）
壞死
血液無法流動，導致組織

（復健後）
活的血管延伸出分流管，使血液流動

腦中風會導致神經受到極大的損害；受到重傷切斷主動脈時，身體的一部分會無法動彈。

此外，長期持續臥病在床的狀態，關節和肌肉等會無法動彈。

可是在病發後，要盡早進行適當的復健，如圖所示，可使神經和血管再生，也能恢復肌肉和關節的功能。

結果，患者可以靠著自己的力量進行日常生活中所需要的動作。

⑶關節機能恢復〔模型圖〕

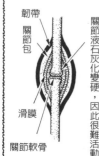

（臥病在床的患者）
韌帶
關節包
滑膜
關節軟骨
關節液石灰化變硬，因此很難活動

（復健後）
關節液具有潤滑作用，因此關節容易活動

⑷恢復肌肉機能〔模型圖〕

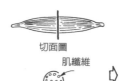

（臥病在床的患者）
切面圖
肌纖維

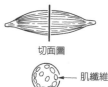

（復健後）
切面圖
肌纖維

肌肉纖維變細，肌肉無法活動

肌肉纖維變粗，恢復肌力

⑭
復
健

防止上肢關節僵硬

【基本知識】

〔容易僵硬的上肢關節〕

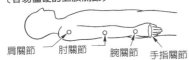

肩關節　肘關節　腕關節　手指關節

因疾病而長期躺臥病床上時，上肢會如圖所示，關節僵硬而無法動彈，因此，進行如下圖所示的運動，防止關節僵硬，但須接受醫師的指示後才能進行【注】。

〔手指屈伸〕
為了防止患者的手指彎曲僵硬，因此要進行屈伸的動作。

患者的手

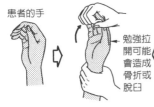

勉強拉開可能會造成骨折或脫臼

〔拇指的伸展〕
捏住患者的拇指張開、閉攏。

〔拇指的外轉、內轉〕
抓住患者的拇指，朝兩側慢慢轉動。

〔手腕的屈伸〕
❶好像按住患者的手背似的，慢慢彎向手腕。
❷接著，將手腕往下按、手掌往上拉。

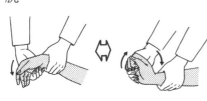

〔手肘的屈伸〕
抬起患者的手臂，讓手肘屈伸，但如果勉強彎曲，則可能引起脫臼。

〔手肘的外轉、內轉〕
抬起患者的手臂，彎曲手肘，朝兩側慢慢轉動。

〔肩膀的水平運動〕
抬起患者一邊的手臂水平移動，但如果勉強張開患者的手臂，有可能會引起脫臼。

〔肩膀的垂直運動〕
❶將患者一邊的手臂垂直抬起。
❷朝頭後方彎曲。

【注】原則上，要在患者無法動彈之前進行。每天幫患者做幾次運動，但不要太勉強他。到能夠活動到某種程度之後，讓他自己做這些運動，但不要勉強，感覺到疼痛時就要停止，要注意這些問題。

⑭
復
健

【基本知識】

防止下肢關節僵硬

【容易僵硬的下肢關節】

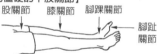

股關節　　膝關節　　腳踝關節　　──腳趾關節

因疾病或受傷等持續無法動彈的狀態時，下肢會如左圖所示，關節容易僵硬。因此，做如下圖所示的運動便能加以有效的預防，且要遵從醫師的指示，一天進行幾次【注】。

〔腳趾的屈伸〕
爲了防止患者的腳趾彎曲僵硬，故要進行彎曲、拉直的動作。

〔腳踝的屈伸〕
屈伸患者的腳踝，可以防止關節僵硬、跟腱萎縮。

〔腳踝的内轉、外轉〕
一隻手按住患者的腳踝，另一隻手抓住腳踝朝兩側轉動。

〔股的上下運動〕
抬起患者一邊的腿，不要使膝蓋彎曲，慢慢的上下移動，但不要勉強抬起，否則容易引起脱臼。

〔股的水平運動〕
將患者一邊的腿稍微往上抬，不可使膝蓋彎曲，慢慢的水平移動，但不要勉強張開患者的腿，否則可能會引起脱臼。

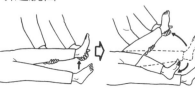

〔膝的屈伸〕
將患者一邊的腿往上抬，屈伸膝蓋。

〔股的彎曲〕
將患者一邊的腿稍微往上抬，屈膝靠近身體。

〔股的外轉、內轉〕
抬起患者一邊的腿，朝兩側慢慢轉動。

〔股的外旋、內旋〕
抬起患者一邊的腿，朝兩側扭轉。

⑭
復
健

【注】因為腦中風等的患者出現麻痺現象時，也可以進行這個運動。此外，與上肢的情形相同，如果感覺疼痛時不要勉強，要立刻停止。

【基本知識】 ## 防止肌力衰退

因為疾病或受傷而使身體無法動彈的情況持續下去時，肌力一天會降低
3%～7%。因此，盡可能不要躺臥病床，在早期進行下圖的運動，一
天數次，可有效防止肌力減退。但是，要注意的是如果患者在進行這個
動作時感到疼痛，則不要勉強他繼續做運動【注】。

〔腳踝肌肉的運動〕
先彎曲一邊的膝蓋，然後
伸直腿屈伸腳踝。

〔腳肌肉的運動〕
❶仰躺，屈伸
單側的腳。
❷俯臥，屈伸
單側的腳。
❸側躺，將上
方的腳上抬、
放下。

〔腰肌肉的運動〕
仰躺，彎曲兩膝，雙手雙腳貼於地
面，儘量將臀部抬起。

〔腹肌運動〕
仰躺，兩膝彎曲，雙腳貼於地面，
雙手在頭後交疊，稍微抬起上身並
往兩側扭轉。

〔背肌運動〕
❶俯臥，用雙臂
撐起上半身並保
持這個姿勢。
❷雙臂在頭後
交疊，抬起上
半身。

〔手臂肌肉運動〕
❸四肢貼於地
面，體重置於雙
臂支撐身體。
❹一隻手拿輕的東
西，手臂上抬、放
下。

球等

〔手腕關節運動〕
❶拿起捲起來的毛巾
握緊、放鬆。
❷接著，握著捲好的
毛巾曲伸手腕。

〔頸部肌肉運動〕
頸部朝前後左右移動，
或是保持彎曲的姿勢。

⑭
復

健

【注】開始運動前一定要得到醫師的許可。

【基本知識】 步行的基本訓練

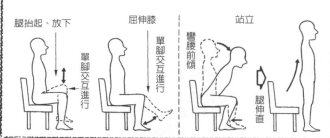

腿抬起、放下　　　屈伸膝　　　　站立

單腳交互進行

單腳交互進行

彎腰前傾

腿伸直

為了能夠順暢的走路，如左圖所示，坐在椅子上進行大腿和膝的運動。

能順利完成這個動作後，再練習從椅子上站起來的動作。

【基本知識】 步行訓練

繼續進行復健，能夠坐、站立之後，接著就要進行「步行」的練習。

剛開始可以使用拐杖、步行器等，慢慢開始走。

如果是半身麻痺，則先伸出麻痺側的腳，然後再伸出正常側的腳。

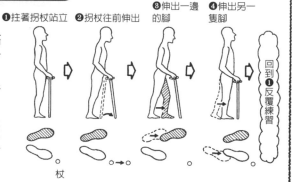

❶拄著拐杖站立　❷拐杖往前伸出　❸伸出一邊的腳　❹伸出另一隻腳

回到❶反覆練習

杖

步行訓練順利進行時，接著做拐杖和一邊的腳同時踏出的動作。

【注意】半身麻痺時，容易先伸出正常側的腳。幫忙的人可以幫助他，但要提醒他不要勉強。

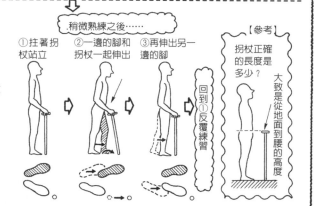

稍微熟練之後……

①拄著拐杖站立　②一邊的腳和拐杖一起伸出　③再伸出另一邊的腳

回到①反覆練習

【參考】

拐杖正確的長度是多少？

大致是從地面到腰的高度

14
復
健

附　錄

飲食生活
肥胖
美容

【飲食生活】 ❶ 病人需要多少熱量？

基礎代謝(A)	活動代謝(B)	飲食代謝(C)	熱量所需量
健康的人			
維持呼吸、體溫、體液的循環等等 +	運動、步行、談話、睡眠等 +	消化或吸收時所需的量 =	健康人一天所需要的熱量(D)
病人			
和健康人幾乎完全相同 +	減少很多（無法運動、步行） +	與健康的人相同 =	為健康人的七成左右(E)

相當於A　相當於B　相當於C

計算公式

基礎代謝基準值×體重（kg）×（1＋0.5）＋1/10 D＝D

∴ D＝基礎代謝基準值×體重（kg）×1.5×10/9，E＝0.7D【注1】

基礎代謝基準值 × 體重（kg） ×1.5 × 10/9 ＝ D（健康的人） × 0.7 ＝ E（病人）

		基礎代謝基準值	體重		D		E
5歲	（男）	51.5×	19.34×	1.5×10/9 ＝	1660kcal		
	（女）	48.7×	18.97×	1.5×10/9 ＝	1540kcal		
10歲	（男）	36.4×	34.34×	1.5×10/9 ＝	2083kcal		
	（女）	34.9×	34.23×	1.5×10/9 ＝	1991kcal		
15歲	（男）	27.5×	59.62×	1.5×10/9 ＝	2733kcal		
	（女）	25.8×	52.08×	1.5×10/9 ＝	2239kcal		
18歲	（男）	25.5×	63.53×	1.5×10/9 ＝	2700kcal	×0.7＝	1890kcal
	（女）	24.1×	52.53×	1.5×10/9 ＝	2110kcal	×0.7＝	1477kcal
20多歲	（男）	23.8×	64.69×	1.5×10/9 ＝	2566kcal	×0.7＝	1796kcal
	（女）	23.6×	51.31×	1.5×10/9 ＝	2018kcal	×0.7＝	1413kcal
30多歲	（男）	22.8×	66.62×	1.5×10/9 ＝	2531kcal	×0.7＝	1772kcal
	（女）	22.0×	54.02×	1.5×10/9 ＝	1980kcal	×0.7＝	1386kcal
40多歲	（男）	22.1×	66.19×	1.5×10/9 ＝	2438kcal	×0.7＝	1706kcal
	（女）	21.1×	55.49×	1.5×10/9 ＝	1951kcal	×0.7＝	1365kcal
50多歲	（男）	21.8×	63.66×	1.5×10/9 ＝	2312kcal	×0.7＝	1618kcal
	（女）	20.9×	53.95×	1.5×10/9 ＝	1880kcal	×0.7＝	1316kcal
60多歲	（男）	21.6×	61.12×	1.5×10/9 ＝	2200kcal	×0.7＝	1540kcal
	（女）	21.0×	51.28×	1.5×10/9 ＝	1795kcal	×0.7＝	1256kcal
70多歲	（男）	21.2×	57.28×	1.5×10/9 ＝	2024kcal	×0.7＝	1416kcal
【注2】	（女）	21.2×	47.69×	1.5×10/9 ＝	1685kcal	×0.7＝	1179kcal
80多歲	（男）	20.6×	52.85×	1.5×10/9 ＝	1815kcal	×0.7＝	1270kcal
	（女）	21.1×	43.67×	1.5×10/9 ＝	1536kcal	×0.7＝	1075kcal

15歲以下的人還在發育階段，因此，沒有醫師的特別指示，不可以減少熱量

【注1】表中的數值是根據日本厚生省健康增進營養課主編的「第5次修訂日本人的營養所需量」。

【注2】關於70歲以上的老年人，配合個人的活動量具有D的0.9～0.7倍的幅度。

【飲食生活】 ❷ 吃什麼，該吃多少？（一天的量）

必要量 (kcal)		注意不要攝過多			一定要攝取一定量									
		❶主食	❷調味料		❸主菜				❹副菜				❺乳、蛋類	
		穀物類	砂糖	油脂類	肉	魚貝類	小魚	豆類	黃綠色蔬菜	其他蔬菜	芋類	水果類	乳類	蛋類
1100	重量 (g)	140	8	6	30	40	5	70	100	150	40	100	200	40
	kcal	435	30	48	69	60	12	98	30	40	28	54	137	65
1300	重量 (g)	200	8	6	40	40	5	70	100	200	40	150	200	40
	kcal	620	30	48	32	60	12	98	30	52	28	80	137	65
1500	重量 (g)	230	10	10	40	50	5	80	100	200	50	150	200	50
	kcal	710	37	80	92	74	12	112	30	52	35	80	137	80
1700	重量 (g)	280	10	10	40	50	5	100	100	200	60	150	200	50
	kcal	910	37	80	92	74	12	140	30	52	42	80	137	80
2000	重量 (g)	340	10	15	50	50	5	100	100	200	60	200	200	50
	kcal	1082	37	120	115	74	12	140	30	52	42	108	137	80
2300	重量 (g)	390	10	20	60	70	5	100	100	200	60	200	250	50
	kcal	1240	37	160	138	103	12	140	30	52	42	108	171	80
2600	重量 (g)	440	10	25	60	80	10	100	100	200	80	200	300	50
	kcal	1396	37	200	138	118	23	140	30	52	58	108	206	80

【參考】 1.穀物的標準・飯一碗(140g)＝米約53g＝切成6片的土司麵包1片
　　　　　　　・全粥一碗(130g)＝米約26g
　　　　　　　・五分粥一碗(140g)＝米約14g
　　　　2.各種食品的熱量、營養素請參照圖表。

設計套餐的方法（食品為一例）

1）準備食材	2）❶～❺分三餐攝取	3）烹調
準備表中❶～❺配合的需要量	儘量讓熱量平均分配	最好是主食、主菜、副菜、湯的組合

❶	米	早餐	米、奶油、味噌、菠菜、番茄、蛋	早餐	飯、炒蛋、菠菜、味噌湯、番茄
❷	沙拉油、奶油	午餐	米、沙拉油、牛肉、豆腐、菠菜	午餐	飯、肉豆腐、湯菠菜
❸	牛肉、鮭魚、味噌、豆腐	點心	補充三餐攝取不足的養分	點心	牛乳、蘋果
❹	菠菜、蘋果、馬鈴薯、海帶芽	晚餐	米、沙拉油、鮭魚、味噌、豆腐、海帶芽、馬鈴薯	晚餐	飯、烤魚、煮馬鈴薯、海帶芽、豆腐、味噌湯
❺	蛋、牛乳				

【飲食生活】

用餐的方法

❶可以自己吃時

開始用餐前要先排泄，保持手的清潔才能安心、集中精神在吃飯上【注】。

可以活動身體的患者

儘量讓可以活動身體的患者坐起身來，這樣有助於吞嚥，同時也可以預防臥病在床。

麻痺患者

身體麻痺無法起身的患者，可將麻痺側朝下側躺，利用枕頭等將頭抬高。

❷無法自己吃時

不能自己進食的患者，在餵食時有一些注意事項。

★配合患者的速度……

要準確的了解患者吃東西的速度或想吃什麼，這一點非常重要，因此要經常問他：「下一次想吃什麼？」、「接下來吃什麼比較好呢？」然後再餵他吃東西。如果自己也一邊吃一邊照顧時，則較容易掌握吃東西的時機。

★配合患者的狀態……

無法自己進食的患者大多有咀嚼、吞嚥障礙或麻痺等症狀，因此，要配合各種症狀來照顧患者。

有咀嚼、吞嚥障礙的患者在咀嚼時，不要跟他說話，吞嚥時要發出「咕、咕」的聲音，催促他吞嚥。

麻痺的患者要注意食物不要進入麻痺側。

【能坐起身的患者】

圍上圍兜或毛巾等

鋪上塑膠布

【臥病在床的患者】

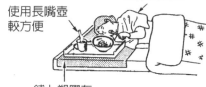

健康側朝上

使用長嘴壺較方便

鋪上塑膠布

【坐起身的患者】

盡可能坐下時保持與患者同樣高度

○容易吞嚥的餵食法

⑴用湯匙壓住舌尖，送入食物。

⑵湯容易嗆到，因此湯匙要與口平行放入口中。

【臥病在床的患者】（俯視圖）

鋪塑膠布等

食物會積存在朝下側的臉頰中，有時要推推臉頰，讓患者用牙齒咀嚼食物。

【注】不能自己排泄或保持手的清潔的患者的照顧方法，請參照第3章、第4章。

【基本知識】

老人吃看護食的理由？

【咀嚼時身體的特徵】

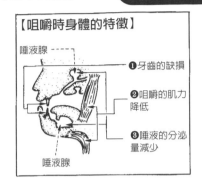

唾液腺

❶牙齒的缺損

❷咀嚼的肌力降低

❸唾液的分泌量減少

唾液腺

【吞嚥時身體的特徵】

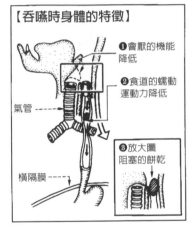

❶會厭的機能降低

❷食道的蠕動運動力降低

氣管

❸放大圖阻塞的餅乾

橫隔膜

【消化時身體的特徵】

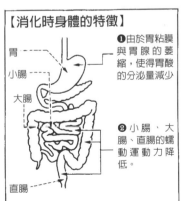

胃

小腸

大腸

❶由於胃粘膜與胃腺的萎縮，使得胃酸的分泌量減少

❷小腸、大腸、直腸的蠕動運動力降低。

直腸

·咀嚼力減退

❶前齒脫落後，咀嚼力會減退而臼齒拔掉後，磨碎食物的力量也會減弱。

❷下顎肌肉衰弱時，即使牙齒還在，但是卻很難攝取較硬的食物或纖維較多的食物。

❸唾液分泌減少時，如果吃了水分較少的食物（土司麵包、餅乾等等一定要充分打濕之後再給他吃，否則會塞住喉嚨或噎到【注】。

·吞嚥機能低落時

❶要吞下咀嚼的食物時，由於會厭機能無法順利關閉，因此，湯類或水會誤入氣管而噎到、嗆到或咳嗽。

❷食道入口與氣管、橫隔膜交叉的位置狹窄，因此，蠕動（如波浪般收縮，將食物送達胃）運動的力量減弱，食物容易積存在狹窄處。

※食道入口有食物積存時，會厭機能會關閉，阻礙氣管，若這種情形持續很長的時間（參照左圖❸），則有窒息的危險。

·消化機能降低時

❶胃酸具有使鐵質容易被吸收，脂質被乳化的作用。

因此，胃酸的分泌量減少時，吞下的食物消化減慢，食物長時間積存在胃內，造成胃不消化或食欲不振的現象。

❷蠕動運動的力量減弱時，消化物不容易送到直腸，因此，會形成便祕。

※纖維具有幫助通便的作用，因此，可多吃纖維含量較多的食品。

⑮

附

錄

【注】在口中的食物無法接受酵素作用而直接吞下。

【飲食生活】

看護食的作法

(1) 磨碎

魚 沙丁魚	⇒ 去除鱗、骨、內臟	⇒
小魚 小魚乾		
蔬菜 菠菜	⇒ 煮過	⇒

用研缽磨碎

用左手固定
用右手用力轉
打濕的布鋪在下方固定

⇒ 混合蛋等，使其變硬 ⇒ 魚肉丸子

⇒ 混合醬油、醋 ⇒ 涼拌小魚乾

⇒ 混合柴魚片和醬油 ⇒ 燙菠菜

(2) 擦碎

| 蔬菜 白蘿蔔 | ⇒ 削皮 | ⇒ |
| 蔬菜 胡蘿蔔 | ⇒ 削皮 | ⇒ |

用擦板將蔬菜去皮擦碎
擦板

⇒ 淋上醬油 ⇒ 白蘿蔔泥

⇒ 加入煮的湯 ⇒ 白蘿蔔味噌湯

⇒ 加入明膠冷卻 ⇒ 胡蘿蔔果凍

(3) 擠汁

| 水果 蘋果 | ⇒ 擦碎 | ⇒ |
| 水果 橘子 | ⇒ 只取果肉 | ⇒ |

水果用紗布包住擠汁【注1】

兩端在上方會合

下方放入筷子，利用槓桿原理使其旋轉【注2】
免洗筷

⇒ 蘋果汁

⇒ 橘子汁

└─ 用湯匙或叉子叉碎後再擠更輕鬆

(4) 煮菜

| 肉 薄片肉 | ⇒ 以橫切筋的方式切好 | ⇒ |
| 海草 昆布 | | |

用小火多花一點時間，直到煮軟為止
若用大火煮會變硬

⇒ 加入燉肉湯等

⇒ 做成昆布捲等

胡蘿蔔素和維他命D越煮損失越大，因此，短時間內煮好或使用壓力鍋可以避免營養的流失。

【參考】「煮菜」和「紅燒菜」的區別……一般而言，煮的時候所使用的汁和菜煮好一起吃，稱爲「煮菜」；而如果湯汁倒掉，只吃菜，稱爲「紅燒菜」。

【注1】使用2～3片清潔的紗布。
【注2】使用這個方法擠汁，不會接觸到手，不會有雜菌附著。

【飲食生活】

三大營養素的作用

		作　用	攝取過多時	

關於脂肪，要注意不要攝取過多的動物性脂肪，一定要攝取植物性脂肪，不要忘記這點。

脂肪

動物性脂肪＜常溫下是固體＞
・乳製品（奶油、乳酪）
・豬油等。

・形式熱量
・含有維他命A、D、E。
・多餘的脂肪會積存下來。
・給予體型圓潤感。
・具有斷熱劑的作用。

・肥胖的原因。
・膽固醇在血管中積存──高血壓、動脈硬化、心肌梗塞等等的危險物質。

一旦缺乏時

植物性脂肪＜常溫下為液體＞。大豆油、芝麻油、沙拉油等。

植物性的脂肪是液體，比固體的動物性脂肪較不容易傳達熱，具有斷熱效果。

掃除積存在血管中的膽固醇。

可能會出現皮膚病、肝臟、腎臟等毛病→要儘量攝取大豆油、芝麻油

碳水化合物

・穀物類→飯、麵包等。
・糖類→砂糖、巧克力等。

成為熱量。→碳水化合物成為熱量需要維他命B_1

沒有用來當成熱量，多餘的碳水化合物會變成脂肪→肥胖的原因之一。

產生食欲不振或倦怠感，容易疲倦→尤其是被稱為「主食」的穀物，每天要攝取一定量。

蛋白質

・獸肉類
・魚肉類
・蛋類
・植物性蛋白質（大豆等）

製造肌肉、毛髮等身體的各部分→不可用其他的營養素來代替。

雖然擔心發胖而不攝取脂肪，但攝取過多的碳水化合物也同樣會造成肥胖。

幼年期缺乏蛋白質時，有可能引起發育不全。

⑮
附
錄

【飲食生活】

維他命的各種作用

這些人容易缺乏維他命	缺乏的維他命種類以及含有這種維他命的主要食品	一旦缺乏時會引起的症狀

這些人容易缺乏維他命		缺乏的維他命種類以及含有這種維他命的主要食品	一旦缺乏時會引起的症狀
壓力較多的人、手術後的人	A	蛋黃、奶油、牡蠣、胡蘿蔔、南瓜、牛乳	眼睛無法適應黑暗的地方（夜盲症）
消瘦或胃腸炎的人、手術後的人	C	柑橘類、綠茶、綠葉蔬菜	肌膚容易皸裂
	E	糙米、大豆、芝麻、魚、蔬菜、植物油	手腳發麻、臉腫脹
喜歡吃甜食的人	B₁	豆類、豬肉、乾物、肝臟	容易疲倦
運動量較多的人	B²	牛乳、蛋黃、肝臟、菠菜	記憶力減退
使用抗生素的人	菸酸	牛乳、肝臟、肉、蛋、小麥、大豆、海草	◆容易長蛀牙 ◆骨頭脆弱容易骨折
菜食主義者	B₆	魚、肝臟、玉米、蜂蜜、蛋、豆腐	
在曬不到陽光的地方工作的人	B₁₂	肉、魚、貝類、蛋、牛乳、乳酪、奶油	
	D	肝臟、奶油、蛋黃、牛乳、魚、薑類、香菇	

孕產婦、授乳婦、發育期的青少年容易缺乏維他命。

★維他命的作用與補給法

維他命負責幫助體內的代謝，缺乏時會引起上表右側所示的各種症狀。

最近發現市面上有很多維他命劑和運動飲料，容易導致維他命攝取過剩，維他命只要微量就夠了。

因此，如上表中央所示的蛋黃如牛乳等，含有豐富維他命的食品只要均衡攝取就夠了。

★維他命攝取過多會造成何種情況？

維他命A、E、K是脂溶性維他命，很難排出體外，攝取過多會危害健康【注】。

其他的維他命攝取過多雖然無害。但是，很浪費。

【注】這些維他命只要不過量攝取都沒有問題。

礦物質的作用

【飲食生活】

礦物質	含有的食品	缺乏時……	攝取過多時
磷 P	蛋黃、肉、魚、胚芽	骨骼、牙齒脆弱	妨礙鈣的吸收
鈣 Ca	小魚、牛乳、乳酪、奶油	骨、牙齒脆弱、神經過敏	
錳 Mn	肉類、豆類、酵母	骨骼發育減弱、生育能力降低	
鈉 Na	食鹽、味噌、醃鹹菜、醬油	引起脫水症狀	
鐵 Fe	肝臟、蛋、豆腐皮、海苔、小乾白魚	貧血、幼兒發育遲緩	
銅 Cu	肝臟、巧克力、可可	貧血	
鎂 Mg	魚肉類、香蕉、菠菜、辛香料	血管擴張、引起心悸亢進	
鉀 K	西瓜、柿子、桃子等水果類	肌力減退、腎障礙（多尿、夜間尿）	
碘 I	昆布、海帶芽等海藻類	太肥胖、造成甲狀腺腫	

骨骼系統：磷、鈣、錳
循環器官系統：鈉、鐵、銅、鎂、鉀
其他：碘

> 鈣較少，磷較多的零嘴或冷凍食品不要吃太多

> 血壓、腎不全、心不全、腦中風的原因

> 鐵是紅血球中負責搬運酵素的血紅蛋白的主要成分，而銅能夠幫助鐵生成血紅蛋白

> 攝取碘可以防止放射性物質蓄積在甲狀腺中，不容易罹患甲狀腺癌。

【上表以外的礦物質】

❶硫黃(S)→動物性蛋白質中含量較多，具有解毒作用。

❷鋅(Zn)→在魚貝類、豆類、牛乳中都有，是胰島素合成的主要物質。

★何謂礦物質？

礦物質是製造身體時，體液順暢流動不可或缺的金屬，一旦缺乏或攝取過多時，就會出現如上表右側所示的症狀。

平常如果吃上表左側所示的食物，則不用擔心缺乏礦物質。不過，現代國人必須要特別注意的就是鈣的缺乏，及磷和鈉攝取過多。

⑮ 附錄

【飲食生活】　病別……食物療法一覽表

【注1】蛋白質要攝取雞胸肉或蛋、牛乳、豆腐等容易消化的良質蛋白質。
【注2】要避免攝取牛或豬的脂肪，要攝取良質的植物性油。
主要飲食上的重點如下表所示。不論是任何疾病，其共通點就是任何疾病都要充分攝取維他命、礦物質。

	蛋白質【注1】	碳水化合物	脂肪【注2】	鹽分【注3】	注意事項
糖尿病	○	△	△	○	■控制酒和碳酸的攝取量，攝取均衡的營養。 ■控制碳水化合物（飯或麵類、砂糖等）及脂肪的量。注意體重不要超重。
痛風	△	○	○	○	■適度的攝取蛋白質很好，但是，內臟或沙丁魚、菠菜等嘌呤體較多的食品，最好避免攝取。 ■不要喝太多酒，要攝取足夠的水分。
胃腸病	○	○	×	○	■酒和碳酸、食物纖維較多的食品、辛香料會對胃造成刺激，最好不要攝取太多。 ■只能少量攝取奶油等乳製品中的脂肪。
肝臟病	◎	○	△	○	■要多攝取良質蛋白質，修復受損的肝臟。 ■不要喝太多酒，肥胖的人要控制碳水化合物的攝取量，恢復適當體重。
心臟病	○	△	△	×	■控制飲酒量，多攝取食物纖維含量較多的食品。 ■避免肥胖
高血壓症	○	△	△	×	■控制鹽分、酒和咖啡、碳酸的攝取量。 ■要多攝取鈣和鉀。
動脈硬化	○	△	△	×	■要避免攝取牛和豬中所含的膽固醇。 ■要多攝取能夠排除膽固醇的食物，及纖維較多的食品。
腎臟病	△	○	○	×	■要避免攝取牛肉或豬肉等的蛋白質，要攝取植物性蛋白質（大豆、納豆、豆腐等）、雞、魚、牛乳、蛋等的蛋白質。 ■配合症狀減鹽或限制水分。
腎變病	○	○	○	×	■限制水分。 ■出現蛋白尿時，要大量攝取良質蛋白質。
骨質疏鬆症	○	○	○	○	■要攝取牛乳或小魚，並大量攝取良質鈣質。

【注3】食鹽中所含的Na（鈉）並不好，不過，最近市面上有賣人工鹽或醬油代替鈉，可以巧妙的加以利用。

【參考知識】　為什麼人（到中年）就會肥胖呢？

攝取熱量源的營養食……

❶營養的使用管道

| 呼吸、體溫、消化吸收、循環等會消耗熱量 | 運動消耗熱量 |

❷肥胖的要因

| 成長期後，隨著年齡的增長，必要量隨之減少 | 第2性徵期或更年期的女性，促進脂肪沈著，荷爾蒙會增加。 | 運動不足 |

❸肥胖的對策

| 減食或吃低熱量食品 | 每天做適度的運動 |

❹進行對策……

| 不進行的話…… | 即使是攝取少量的碳酸飲料或酒，也具有很多的熱量，所以要注意不要喝太多 | 採取對策的話…… |

| 攝取熱量＞消耗熱量 | | 攝取熱量≦消耗熱量 |

大人的肥胖是脂肪細胞肥胖，因此容易減肥；而兒童的肥胖則是脂肪細胞增加，所以不容易瘦下來，要特別注意。

| 多餘的熱量會變成脂肪，蓄積在皮下脂肪中 | 熱量全部消耗掉，不會多出來，而蓄積的脂肪也會消耗掉。 |

❺最終結果

| 導致肥胖 | 保持理想體重 |

❶食物除了製造身體所需的分量之外，其餘的部分則如圖表所示的方式消耗掉。吃的量和消耗的量如果一致，就不會肥胖了。

❷如表所示的要因導致身體的消耗量減少，但食量並沒有減退，這是最嚴重的問題。

❸如左表所示的事項平常就要進行，這一點非常重要。不要驟然減食或做運動。因為如果當減食或運動停止後，體重又會增加，甚至會更難瘦得下來。

❹攝取過多的食物幾乎都會變成脂肪。

❺一旦肥胖會對心臟或肝臟造成多餘的負擔，同時也有引起動脈硬化的危險性。

【肥胖】　肥胖的消除法

■飲食、運動與體重的關係

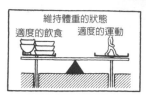

　　要消除肥胖，必須減少攝取到體內的熱量（食物療法），同時要增加消耗熱量（運動療法）。

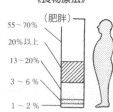

■身體成分的比例

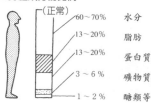

（正常）		（肥胖）
60～70%	水分	55～70%
13～20%	脂肪	20%以上
13～20%	蛋白質	13～20%
3～6%	礦物質	3～6%
1～2%	醣類等	1～2%

★減少的食品

　　肥胖是因為體內的脂肪增加造成的，含有脂肪根源的脂質、醣類【注】較多的食品，要減少攝取量。

★減少的量

　　不勉強的減量一個月大約 2 kg 左右，脂肪 2 kg 換算為熱量大約為 14,400 卡。

　　所以，一天要減少 500 卡的熱量攝取量。

■食品中所含的脂質、醣類的量（10g 中所含的量）

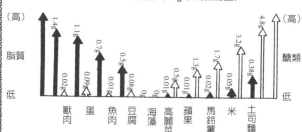

獸肉　蛋　魚肉　豆腐　海藻　高麗菜　蘋果　馬鈴薯　米　土司麵包

【運動療法】

馬拉松全程
42.195km → 跑完
2,300 卡

　　光靠運動消耗掉的熱量有限，例如左圖所示，跑完馬拉松全程，只消耗掉 2,300 卡的熱量而已，只相當於體脂肪 0.3 kg，所以要併用食物療法才能產生效果。

【注】醣類是指砂糖或果糖等「單純醣質」，而組合起來形成的「複合醣質」則是穀物中所含的「澱粉」的總稱。米或麵包的主要成分碳水化合物主要是由醣質所構成，醣質未被使用的部分會變成脂質蓄積下來，當攝取過多時，就會成為皮下脂肪而蓄積下來，引起肥胖。

按摩的效用

【美容】

▶皮膚的放大剖面圖

毛細血管　血管

按摩後……

微血管擴張

血液和淋巴的循環順暢

　　輕輕撫摸皮膚表面或敲打按摩，能夠促進血液和淋巴液等水分的循環。

　　結果，新陳代謝良好，皮膚擁有營養，就能保持年輕美麗的肌膚了。

　　但過度的刺激反而會造成反效果，要特別注意。

臉、頸部的按摩方法

【美容】

　　臉部的按摩不可以太用力，否則會損傷肌膚，因此，一定要特別注意。可參考下圖，順著箭頭的方向前進按摩、從臉的中心輕輕朝外摩擦。

　　肌膚輕微發紅之後就可以停止了，因個人體調的不同有時候輕拍臉頰就能產生效果。

←按摩的方向

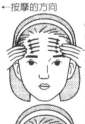
❶以額頭為中心，4根手指輕輕朝外摩擦（3次）。

❷用食指由內往外摩擦眼睛周圍（3次）。

❸用食指由上往下摩擦鼻翼（3次），要輕輕揉捏。

❹用4根手指輕輕摩擦臉頰（3次），輕輕揉捏。

❺用4根手指從太陽穴到下巴輕輕摩擦（5次），輕輕揉捏。

❻用4根手指摩擦口唇周圍（3次）。

❼用4根手指輕輕摩擦頸部（5次），輕輕揉捏。

❽輕輕揉捏、摩擦喉嚨附近（5次）。

❾輕拍整個臉頰之後，輕輕揉捏。

國家圖書館出版品預行編目資料

完全圖解家庭看護完全手冊，健康研究中心主編，
　初版，新北市，新視野 New Vision，2023.04
　　　面；　公分 --
　　ISBN 978-626-97013-5-3（平裝）
　1.CST：居家照護服務　2.CST：家庭護理

429.5　　　　　　　　　　　　　　112000783

完全圖解家庭看護完全手冊
健康研究中心主編

出　　版　新視野 New Vision
製　　作　新潮社文化事業有限公司
　　　　　電話 02-8666-5711
　　　　　傳真 02-8666-5833
　　　　　E-mail：service@xcsbook.com.tw

印前作業　東豪印刷事業有限公司
印刷作業　福霖印刷有限公司

總 經 銷　聯合發行股份有限公司
　　　　　新北市新店區寶橋路 235 巷 6 弄 6 號 2F
　　　　　電話 02-2917-8022
　　　　　傳真 02-2915-6275

初版一刷　2023 年 6 月